시골에서 월급 받고 살고 있습니다.

시골에서 월급 받고 살고 있습니다

정환정 지음

두드림미디어

시골에서도 돈을 정말 잘 벌더라
에코맘 산골이유식

결혼은 서울에서 했지만, 출산과 육아가 시작된 곳은 통영이었다. 통영에 내려온 지 2년 만에 태어난 아이가 이유식을 먹을 무렵이 되자, 우리 부부에게 닥친 숙제는 두 가지였다. 육아휴직을 끝내고 출근하는 아내, 취재를 위해 이곳저곳을 돌아다닐 나를 대신해서 아이를 봐줄 누군가를 구하는 일이 무엇보다 급선무였다. 그리고 곧 젖을 뗄 아이에게 안심하고 먹일 수 있는 음식을 준비하는 일 역시 그에 못지않게 중요했다.

첫 번째 과제는 천만 다행이게도 정말 훌륭한 아이돌보미 선생님을 만나 해결됐다. 문제는 두 번째, 음식에 관한 것이었다. 이유식을 만드는 데에는 보통 손이 가는 게 아니다. 재료를 준비하는 것은 물론이거니와 조리와 소분 모두 자잘한 손길이 셀 수 없이 필요하다. 삶의 속도가 서울보다는 훨씬 느린 통영에서의 육아였지만 이틀에 한 번씩 이유식을 만들 정도의 여유까지 허락되지는 않았다.

아내는 오랜 검색과 비교 끝에 통영과 멀지 않은 하동에서 생산하고 있는 에코맘 산골이유식을 주문했다. 단순히 '국산'으로 표기되는 재료가 아니라 구례, 하동, 남해 등 지명으로 설명하는 재료들을 사용한다는 점이 맘에 들었고, 이 재료들을 조합해서 다양한 맛을 내는 게 좋아 보였다고 한다.

아이는 그렇게 고른 이유식을 다행히 잘 먹었다. 이유식이 유리용기에 담겨 있는 것도 마음에 들었다. 무엇보다 내가 취재를 위해 몇 번 만난 적이 있는 농부의 쌀로 제조했다는 점이 좋았다. 처음부터 그런 사실을 알고 있던 것은 아니었다. 제품 설명에 적혀 있는 농부의 이름을 보고나서야 확인한 사실이었다.

농부 홍순영. 내가 통영에 내려와 살기 시작한 이후 처음 만났던 농업인이다. 구례에서 환원순환농법으로 벼, 밀, 단감을 재배하고 있는 순영농장의 대표이기도 한 홍순영 농부는 "대한민국에서 자기 마음대로 가격을 붙여 쌀을 파는 농부는 흔치 않을 것"이라며 자신의 일과 수확물에 대해 남다른 자부심을 갖고 있었다.

유기농법으로 농사를 짓는 농업인들 중 적지 않은 수가 그러하듯, 그 역시 관행농 시절에는 농약으로 인해 건강을 잃을 뻔한 경험이 있었다. '사람이 살자고 하는 일인데, 이러다 죽겠다' 싶어 유기농으로 벼를 재배하기 시작한 그는 산으로, 들로 돌아다니며 갖가지 풀과 열매들을 모아 스스로 약과 비료를 만들었다. 자연에서 난 것을 이용해서 약과 비료를 만들고 다시 자연으로 돌려보내는 환원순환농법은 그렇게 시작됐다.

그렇게 재배한 벼는 튼튼하게 자라 빛나는 쌀을 생산했다. 그 쌀로 지은 밥은 맛있었다. 단단하고 달았다. 덕분에 나와 아내는 한동안 집에서 밥을 지어 먹는 즐거움에 푹 빠지기도 했다. 그런 쌀과 그런 쌀을 키운 농부를 쉽게 잊을 수는 없는 법. 그래서 에코맘 산골이유식의 생산 현장이 더욱 궁금해졌다. 그리고 그 궁금증은 작은 녀석까지 에코맘 산골이유식으로 키우고도 7년이 지나서야 풀렸다.

시골에서도 경제적 성장이 가능할까?

농림식품기술기획평가원, 줄여서 '농기평'이라고 불리는 이 기관은 농업과 임업 그리고 식품과 관련된 신기술 개발을 위한 연구에 대한 지원을 결정하는 농림축산식품부 산하 기관 중 한 곳이다. 나는 이곳에서 발행하는 계간지의 취재를 담당하게 됐고, 농기평의 지원을 통해 연구개발과제를 수행하고 있던 에코맘 산골이유식에 취재 목적으로 방문했다.

회사는 내가 예상했던 것보다 훨씬 멋졌다. 얼마 전에 이전하면서 신축한 건물이라고 했다. 아내가 첫 주문을 할 때만 해도 이제 막 자리를 잡고 있던 신생 기업이었던 터라 그동안 크고 작은 변화가 있었다고 했다. 순영농장의 쌀 대신 하동의 유기재배 쌀을 사용하는 것 역시 그런 변화 중 하나였다. 어쩐지 아쉬웠지만, 그럼에도 반가운 마음이 더 컸다. 무엇보다 생산 현장을 외부에서 직접 관찰할 수 있는 구조라는 점이 좋았다.

농업은 물론 제조업과도 전혀 관련 없는 경력의 오천호 대표는 약 10년 동안 끊임없이 공부하며 자신의 회사를 성장시켰다. 이 과정에서 가장 많은 노력을 쏟은 부분은 당연히 좋은 재료를 구하는 것이었다. 원칙은 세 가지였다. 제철, 로컬, 국산. 우선 순위는 '제철, 로컬'이었고 만약 쉽지 않을 경우 최소한의 국산 재료를 사용한다고 했다.

이 재료를 손질하고 가공하는 일은 인근에 거주하고 있는 주민들이 맡았다. 오천호 대표가 중요하게 생각한 것은 '동네 아줌마, 아저씨들'이 단순히 '공장에서 일을 한다'는 것이 아니라 가장 좋은 재료를 가장 안전하게 만드는 과정에 투입되는 핵심 인력이라는 사실을 인식시키는 것이었다고 한다. 흔한 작물이 아니라 귀한 것, 그 귀한 것을 다루는 귀한 사람이라는 생각을 갖게 하기 위해 많은 애를 썼다고 한다. 그래서 에코맘 산골이유식에서 일하는 모든 구성원들은 각자 자신만의 명함을 갖고 있다는 것이 오천호 대표의 설명이었다.

현재 에코맘 산골이유식을 구입할 수 있는 경로는 다양하다. 다양한 온라인 경로뿐 아니라 백화점과 대형마트 등에서도 만날 수 있다. 그만큼 판매량과 인지도가 높아졌다는 의미다. 덕분에 에코맘 산골이유식의 규모는 10년 만에 36배나 성장했다고 한다. 많은 이들은 작은 회사의 기업으로서의 성공적인 성장에 주목했다. 나 역시 기쁜 마음이 컸지만 단순히 '내가 아는 곳의 성장'에 이유가 있는 것은 아니었다.

농사로도 돈을 벌 수 있을까? 서울과 먼 곳에서 살아가며, 농업 인구가 많은 곳으로 출장을 가며 자주 갖던 의문이다. 조금 더 정확히 표현하자면 '농업 생태계 안에서도 경제적 성장이 가능할까?'에 대한 답을 에코맘 산골이유식이 제시했기 때문이었다. 사실 농사가 농업의 모든 것은 아니다. 물론 가장 큰 비중을 차지하고 있는 데다 농업이라는 산업의 근간이기는 하지만 말이다.

선택해야 할 것은, 농사가 아닌 농업

나는 에코맘 산골이유식의 성공이 농사가 아닌 농업을 통한 성공이라고 생각한다. 그동안 잘 볼 수 없던 농업 생태계의 모델을 제시했기 때문이다. 물론 농사를 통해 수확한 작물을 농촌의 지역 인력들이 가공하고, 이를 도시에 판매하는 일은 너무나 흔하고 자연스러운 형태다.

하지만 한 농업기업이 특정 소비자를 목표로 제품을 정교하게 기획하고, 과학적 분석을 토대로 생산 공정을 고도화함으로써 효율을 높이는 일은 흔치 않았다. 아직도 많은 수의 농산물들은 공판장 등을 통해 대량으로 유통되고 여기에서 발생하는 '자투리'가 가공용으로 소비되어 불특정 다수에게 여러 유통 단계를 거쳐 소비되고 있을 뿐이다.

이러한 과정에서 기대할 수 있는 부가가치는 그리 크지 않다. 농업 현장에서 사람을 구하기 힘든 이유 중 하나이기도 하다. 근본적으로는 몸이 힘든 것이 더 큰 문제일 수도 있겠지만, 물리적 노동력을 투입했을 때 기대할 수 있는 소득이 낮은 것 역시 농업의 발전을 저해하는 중요한 요소 중 하나다.

규모의 농업이 불가능한 것은 아니다. 상당한 자본을 투입한 대규모 영농 현장도 많다. 하지만 여전히 절대다수는 기계화 혹은 자동화가 쉽지 않은 곳들이다. 문제는 그 규모가 아무리 커진다고 해도, 전통적인 형태의 농업으로는 새로운 인재를 끌어들이는 데 한계가 있을 수밖에 없다는 것에 있다. 하지만 에코맘 산골이유식에서는 상품 기획과 연구 개발, 마케팅과 홍보 등의 전 과정에 젊은 인력이 참여할 수 있는 여지가 많았다. 아니, 그 신선한 감각이 그 무엇보다 필요했다. 그래서 하동 악양면은 하동군의 다른 어느 곳보다 젊은 인구의 비율이 높다고 한다.

이처럼 젊은 인구가 모두 도시만을 좇는 것은 아니라는 것을 다른 여러 현장에서도 확인할 수 있었다. 농사를 짓기 위해 시골을 찾은 청년들도 있었지만, 생활공간으로서의 시골이 좋아서 혹은 농업과 농촌을 배경으로 삼아 자신의 꿈을 펼치기 위해 도시를 떠나는 경우도 어렵지 않게 만날 수 있었다. 물론 그들 중 대부분은 주위 사람들로부터 "뭐 먹고 살려고 그러느냐"라는 걱정을 아낌없이 선물 받았지만, 모두들 걱정보다는 잘 살고 있었다. 계획한 것만큼의 혹은 계획보다 더 많은 경제적 수익을 거두면서 말이다. 청년뿐 아니라 중장년들 역시 시골에서 도시에서보다 만족도가 높은 생활을 이어가고 있는 사례를 셀 수 없이 많이 만날 수 있었다. 농업이라는 커다란 울타리가 넉넉히 품을 내어준 덕분이었다.

내가 농업 생태계에 관심을 갖기 시작한 이유가 바로 여기 있다. 모든 사람이 서울에 살 수 없듯이, 모든 사람이 서울에 살기를 원하는 것은 아니다. 나와 아내 역시 그러한 부류였다. 문제는 서울과 수도권에서 벗어나면 기대소득이 엄청나게 줄어든다는 데에 있다. 그렇다고 해서 줄어든 소득을 낮은 물가로 보전할 수 있는 것도 아니다. 지방, 특히 인구 30만 이하 시군에서의 생활은 오히려 서울보다 높은 생활 물가를 각오해야 하는 상황도 적지 않다. 너무나 비효율적인 상황이다.

이와 같은 이촌향도는 조선 시대 때부터 수백 년 동안 이어져 온 유구한 전통이자, 한반도뿐 아니라 전 세계에서 공통적으로 관찰되는 문제이기도 하다. 그러니 몇 가지 처방만으로 해결할 수 있을 리 만무하다. 하지만 가능성은 제시할 수 있을 것이라고 믿는다. 우리를 둘러싸고 있는 기계·화학적 제반 기술 그리고 21세기에 들어 급격히 발달한 IT기술이 농업의 새로운 기반을 조성하고 있기 때문이다.

이러한 기술 발전을 통해 우리가 농업에 기대할 수 있는 것은 다른 산업과 비슷한 수준의 생산 및 유통 관리다. 소비량에 대한 정확한 예측, 특정 소비자를 위한 맞춤형 농산물 재배, 신뢰성 높은 공정에서의 가공 등을 통해 더 큰 부가가치를 창출할 수 있다. 이 과정에서 새로운 형태의 기업들이 스타트업 형태로 발생하고 성장할 여지가 생긴다. 이들의 다양한 시도를 통해 각종 연관 산업의 혁신 가능성도 높아진다. 아울러, 서울과 수도권이 아닌 지역에서도 일정 수준 이상의 경제적 이득을 기대할 수 있게 된다.

콘텐츠와 관련된 산업 역시 마찬가지다. 모든 이들이 빠르게 변화하는 트렌드를 환영하고 화려하거나 강렬한 무언가를 즐기는 것은 아니다. 주기가 일정하거나 예상 가능한 범위에서의 변화로부터 안정감을 느끼는 사람들도 많다. 사람 혹은 감당할 수 없을 만큼 복잡해진 상황으로부터 잠시라도 벗어나려는 욕구를 가진 이들도 상당하다.

우리가 시골이라 부르는 곳에는 그들을 위한 유무형의 서비스를 새롭게 창출할 수 있는 자원들이 굉장히 많다. 셀 수 없이 많은 사람과 자동차와 건물이 아니라, 항상 그 자리에 있었던 것 같은 꽃과 물과 바람으로 가득 찬 공간. 그래서 독특한 기획력과 남다른 실행력을 가진 이들은 시골을 치유와 여유, 즐거움을 얻을 수 있는 곳으로 정교하게 기획하고, 유려하게 꾸민 후 더 많은 이들이 안락하게 즐길 수 있도록 디자인하고 있다. 그동안 도시 바깥에는 그런 일을 할 사람이, 그런 일을 알릴 사람이, 그런 일이 있다고 해도 알아줄 사람이 부족했을 뿐이다.

인간은, 아니 동물뿐 아니라 식물 역시 생존을 위해서는 최소한의 물리적 거리를 보장받아야 한다. 효율을 높이기 위해 작물을 빼곡하게 심는 밀식(密植)에도 한계가 있다. 지나친 밀식은 같은 공간 안에 있는 모든 작물을 죽이는 결과를 낳는다. 사람 역시 마찬가지다. 모두가 같은 공간에서 같은 방법으로 경쟁하는 것은 결코 효율적이지 않다.

그래서 개인의 삶과 농업 생태계의 순환에 새로운 가능성을 제시하는 에코맘 산골이유식의 성공은 단순히 '농업 기반 프리미엄 식품기업으로의 모범적인 성장'뿐 아니라 '도시 바깥에서도 좋은 삶을 살아갈 수 있다'라는 의미를 갖는다고 믿는다. 그리고 이러한 믿음을 더욱 건강하게 만들어주는 기업들과 개인들 그리고 단체들이 이미 여러 곳 존재한다. 농업이라는 큰 품 안에서 말이다. 우리가 모르는 사이 농업이라는 산업은 그들을 품고 빠르고 단단하게 성장하고 있는 중이다.

차 례

5장. 그냥 시골에서 사는 건 안 되나?

6장. 농업 전문 취재 작가의 귀농귀촌교육 참가기

7장. 시골에서 살 수 있을까?

에필로그

농업은 아주 단순한 메커니즘을 갖고 있다. 어린 식물 혹은 가축을 키워 일정 수준에 이르면 출하한다. 이 과정은 식물의 경우 1년, 가축의 경우 길어도 2년 단위로 순환된다. 물론 그 순환 기간 동안에는 인간에게 쾌적하지 않은 환경에서 정해진 때에 정해진 일을 해야 하는 고단함이 있다. 인간의 힘으로는 어쩔 수 없는 변수에도 최대한 대응해야 한다. 하지만 그런 과정을 견딘 이들에게 돌아가는 대가는 대부분 변변찮았다. 그리고 바로 그 '변변찮음'이 인류를 이만큼이나 번성케 했다. 그럼에도 농업은 여전히 가장 낮은 부가가치를 창출하는 산업으로 치부되고 있었다. 약 10년 전까지만 해도 말이다.

1장 | 우리는 농업을 알고 있을까?

서울, 어쩌면 가장 떠나기 좋은 곳

나의 일은 사람을 만나 이야기를 듣고 그 이야기를 글과 사진으로 남기는 것이다. 그런 작업을 한 지 벌써 20년 가까이 지났다. 덕분에 굉장히 많은 사람들을 만났고, 기억할 수 없을 만큼 다양한 이야기들을 들었다. 마을버스 운전기사부터 미사일 개발자까지, 제주도에 우주선 발사대를 세우려는 엔지니어부터 민통선 근처 산골마을을 번듯한 여행지로 꾸미기 위해 노력하는 주민들까지. 깊이보다는 넓이가 도드라졌던 일들이었다.

새로운 사람을 만나는 것은 새로운 세계를 만나는 것과 비슷하다. 특히 한 가지 일에 오랫동안 종사한 사람일수록 내 앞에 펼쳐놓는 세계의 깊이가 남달랐다. 한 직장에서 오래 근무하지 못하고 프리랜서로 이곳저곳을 떠돌며 살아온 내게, 그런 세계는 굉장히 매혹적으로 보일 수밖에 없었다. 하지만 서울을 떠나자, 내게 일을 주던 사람들의 기억 속에서 내 존재는 사라졌다. 서울에는 나 말고도 비슷한 일을 하는 사람들이 너무나 많았다.

서울. 모든 새로운 것이 모여 있고, 그래서 모든 사람들이 모여들고 있는 대한민국 유일무이의 공간. 하지만 살아 있는 생명이라면 반드시 가져야 하는 '서로 간의 적절한 물리적 거리'가 무시되는 곳 역시 서울이다. 난 그게 싫어서 태어나 34년 동안 살아온 서울을 떠나 남해안과 맞닿은 작은 도시로 생활공간을 옮겼다. 그곳에서 일을 찾기 위해 무던히도 많은 노력을 했다.

다행스럽게도 지역에서 나와 같은 일을 하는 사람은 그리 흔치 않았다. 서울에서 당일치기 혹은 1박 2일 동안 오가며 최대한 효율적으로 취재해야 하는 사람들과 달리, 나는 매일 같이 일어나는 작은 변화들을 촘촘히 기록하고 그것을 내 자산으로 삼을 수 있었다. "삼대가 덕을 쌓아야 볼 수 있다"라는 이런저런 '스펙타클한' 장면들뿐 아니라, 일상에서 문득 마주치게 되는 찬란한 순간들도 기억과 기록 속에 잘 갈무리해두곤 했다.

덕분에 새로운 일을 맡기 시작했다. 지역에 관련된 콘텐츠를 생산해달라는 요청이 많았다. 내가 살고 있는 곳이 남쪽이다 보니, 농업과 관련된 취재 의뢰가 특히 많았다. 전남과 경남에서는 다양한 작물들이 재배되고 있으니까. 서울에서라면 4~5시간은 족히 걸릴 해남이나 진도까지도 3시간이면 닿을 수 있으니까. 그래서 고료와 함께 결제해줘야 하는 이런저런 경비도 줄일 수 있으니까. 서울에서 자라 서울에서 배우고 서울에서 회사 생활을 시작한 내가 농업과 처음 마주하게 된 계기였다.

가장 낮은 부가가치를 창출하는 산업

내게 취재를 의뢰하는 곳의 요청에 따라 2019년부터 다양한 농업 현장을 찾아다니기 시작했다. 편도 기준으로 짧으면 1시간 30분, 길면 4시간 정도를 혼자 운전하며 전국을 돌아다녔다. 그러자 전에는 무심히 보아 넘기던 고속도로 주변 풍경이 새삼스레 눈에 들어오기 시작했다. 수도권이 아닌 곳에서의 고속도로는 어디든 논과 밭 혹은 산으로 둘러싸여 있기 마련이지만, 농업과 관련된 취재를 경험하다 보니 거기에서 어떤 일이 벌어지고 있는지 궁금해지기 시작했다. 그리고 농업이 과연 산업으로서 얼마만큼의 경쟁력을 갖고 있는지 의문이 생기기 시작했다.

도시와 상업지구, 공단 등이 없는 땅에서 생산적인 일을 하기 위한 선택은 한 가지밖에 없다. 농업. 인류 출현 이후 지금까지 이어져 온, 그리고 앞으로도 이어질 가장 유구한 산업. 하지만 그래서 가장 낮은 부가가치를 창출하고 있는 분야. 이런 이유로 인해 농업에 종사하는 사람들 중 많은 수는 농사를 짓고 있는 땅에서 더 높은 수익을 얻을 수 있는 기회가 생긴다면 뒤도 돌아보지 않고 그동안의 일을 정리할 것이다.

서울, 아니 도심지에서 농사를 짓지 않는 이유도 거기에 있다. 농업은 그곳의 땅값 혹은 임대료를 웃도는 부가가치를 창출할 수 없기 때문이다. 물론 국가에서 오직 농업만 가능하도록 규정해놓은 땅도 있다. 과거의 절대농지, 지금의 농업진흥지구가 바로 그런 곳인데, 이는 식량주권을 지키기 위해 국가가 행하는 최소한의 조치이기도 하다. 다른 의미로는 국가 차원에서의 관리와 지원이 그 어느 산업보다 큰 분야가 농업이라는 말이다. 이 역시 같은 면적의 토지에서 농업이 아니면 더 높은 소득을 올릴 수 있는 경제활동이 많기에 국가가 직접 농업 용도로만 사용을 제한하고 있다는 뜻이다.

그렇다면 왜 농업은 부가가치가 낮은 산업이 됐을까? 이유는 간단하다. 땅과 씨앗 혹은 모종만 있다면 누구나 농사를 시도할 수 있다. 성공이 아니라 시도라는 점이 중요하다. 이렇게 진입장벽이 낮은 산업은 공통적으로 낮은 부가가치를 창출하기 마련이다. 그래서 농산물은 판매 단가가 낮다. "그럼 경쟁력 높은, 그래서 부가가치도 많이 창출할 수 있는 상품을 만들면 되지 않는가?"라는 의문이 드는 것은 지극히 당연한 일이지만, 여기에서 딜레마가 발생한다.

농산물이 비싸지면 많은 이들은 영양 불균형 상태에 노출된다. 이는 사회 보건 문제와 직결되며 결국엔 국가 존립 자체가 위태로워지는 결과를 낳는다. 그래서 국가는 농산물의 가격을 적정 수준으로 유지하기 위해 많은 노력을 한다. 기상이변이나 흉작 등의 이유로 특정 작물의 가격이 급격하게 오르면 급히 수입산을 시장에 공급하는 것도 이 때문이다.

물론 농업인들에게는 반대급부를 제공하기도 한다. 이상기후나 재해, 전쟁으로 인한 원자재 가격 상승 등 불가항력적인 외부 요인으로 인해 농업소득을 기대할 수 없게 되는 상황에서는 농가 안정을 위한 각종 지원정책을 실행하기도 한다. 국내뿐 아니라 해외 역시 마찬가지다. 아니, 오히려 선진국에서 시행하는 지원정책의 역사와 규모는 국내의 그것과 비교할 수 없을 만큼 깊고 크다.

정리하자면, 국가가 농업에 대해 갖고 있는 가장 기본적인 정책 방향은 '안정'이라는 의미다. 삶을 이어가는 데 있어 가장 중요한 요소이기도 하다. 그렇다면 농업은 언제까지고 낮은 부가가치만을 창출해야 할까?

꼭 그렇지만은 않다. 내가 만났던 사람들은 농업으로 일정 수준 이상의 수익을 올리는 이들이었다. 물론 그 숫자가 많지는 않았다. 게다가 그들의 연령대를 생각하면 산업으로서의 지속가능성에 대해 회의적일 수밖에 없었다. 서울에서 생활하며 취재 다니던 최첨단 시설의 대규모 공장들을 떠올리면, 그 차이는 더더욱 명백해졌다. 농업 현장을 자주 방문하면 할수록 산업으로서의 농업이 갖고 있는 경쟁력에 대한 의문은 커질 수밖에 없었다.

세상에 변치 않는 것은 없으니까

이런 내 생각이 바뀌기 시작한 것은 농업과 관련된 다양한 연구현장에 대한 취재로 영역이 넓어지면서부터였다. 덕분에 화학이나 생명 분야뿐 아니라 기계나 IT 분야에서도 농업 현장을 위안 다양한 연구개발이 이어지고 있다는 사실을 새롭게 알게 됐다. 그래서 이미 자동차와 비슷한 수준의 자율주행 트랙터, 과채류 부패를 촉진하는 에틸렌 가스 제거 장치를 개발해 글로벌 유통회사의 주목을 받고 있는 국내 스타트업과 행동 패턴만으로도 돼지의 건강상태를 확인할 수 있는 양돈 시스템을 직접 확인할 수 있었다.

당연히 이러한 사례들 역시 성공적인 소수의 현장임에는 틀림없다. 하지만 농업의 영역이 단순히 작물이나 가축을 키우는 데 제한되지 않는다는 사실은 내 호기심을 크게 자극했다. 특히 농업과 전혀 관련 없는 전공을 갖고 있던 기계공학자, IT 엔지니어, 빅데이터 전문가들이 산업으로서의 농업을 매력적인 대상으로 바라보고 있는 점이 무엇보다 신기했다. 그들에게 농업은 오히려 미개척지로 여겨지고 있었다. 그리고 정부의 정책은 이러한 미개척지의 유통과 생산 전 영역에 걸친 도전을 적극 지원하고 있다.

전 국민적 숙원이기도 한 유통 구조 개선을 위해 2023년 11월 30일에는 온라인 도매시장이 출범했다. 누구나 참여할 수 있는 전국 단위의 오픈마켓이 열린 셈이다. 덕분에 거래 투명성과 제고 및 유통비용 감소 등의 성과도 기대할 수 있게 됐다. 물론 이는 걸음마의 첫 걸음 정도에 불과하다. 새롭게 구축되어야 할 시스템은 여전히 많다.

수집-선별-포장을 자동화하는 농축산물 유통센터 확충, 농산물 유통데이터 플랫폼 고도화를 위한 노력도 필요하다. 거기에 플랫폼 기반 물류 효율화(오픈마켓 운영 전문성 향상, 품질 관리 등), 온라인 기업 물류 효율화(풀필먼트 물류), 농산물 스마트 물류 기술 도입과 정보화 시스템을 구축 등에 기초한 효율화 등이 필수적이라는 지적도 이어지고 있어 새로운 기술이 농업 유통 구조 개선에 참여할 여지가 확장되고 있는 추세다.[1)]

아직 가시화되지는 않았지만, 기후재난 대비 농식품 기후변화 적응 강화와 관련된 정책도 새롭게 수립될 것으로 기대되고 있다. 구체적으로는 '생산·기상 정보 고도화 및 기후재난 대응 강화, 생산기반 적응력 제고, 기후 적응형 기술·품종 개발 및 기반시설 스마트화, 농식품 기후변화대응센터 설립 및 정보 제공 플랫폼 구축, 식량안보 강화를 위한 농산물 비축 확대와 해외 공급망 구축 강화 대책[2)]' 등이 필요한 상황이기 때문이다.

농업과 관련된 산업적 변화는 여기에서 그치지 않는다. 반려동물과 그린바이오, 푸드테크 등 농업과 직접적 관계를 맺고 있는 산업들이 빠르게 성장함에 따라 관련 정책과 법령이 새롭게 제정됐다. 그리고 산업화, 기술혁신 촉진, 인력 양성, 산업 생태계 조성 등에 대한 다양한 후속 조치들이 차례로 시행될 예정이다. 관련 분야 전공자와 종사자들에게는 농업이라는 무대 위에 새로운 시장이 열리는 셈이다.

구분	정책 및 법률	발표 및 시행 연도
반려동물	반려동물 연관산업 육성대책 반려동물영업 관리강화 방안 반려동물보험 제도개선 방안	2023. 8.(발표) 2023. 8.(발표) 2023. 10.(발표)
그린바이오	그린바이오산업 육성 전략 그린바이오산업 육성에 관한 법률	2023. 2.(발표) 2025. 1. 3.(시행)
푸드테크	푸드테크산업 육성에 관한 법률안	2023. 7.(발의)

1) KREI 농정포커스 〈2024년 10대 농정 이슈〉 10p.

2) 환경부 발표 제3차 국가 기후위기 적응 강화대책(2023~2025) 세부시행 계획(2023년 9월)

무형의 자원을 새로운 부가가치로

농업은 도시 바깥에서 이루어진다. 도시 바깥은 땅값이 낮다. 그곳의 산업적 가치나 생활 여건이 좋지 못하다는 수치적 증명이기도 하다. 흔히 시골이라 부르는 곳들에서 공동화 현상이 나타나는 것 역시 거기에서 만들어낼 수 있는 부가가치가 크지 않다는 판단 때문이다. 그래서 많은 젊은 세대들이 결핍과 낙후라는 잘못된 선입견으로 바라보고 있던 시골이, 하지만 미디어와 기술의 발달 덕분에 전혀 새로운 공간으로 변모하고 있는 현장을 적지 않게 목격했다. 여행을 좋아하는 내게는 상당히 즐거운 발견이었다.

먹을 수 있는 식물을 만지고, 인근에서 수확한 농산물을 이용해서 음식을 만들고, 인공적인 요소가 없는 환경에서 뛰어노는 모든 과정이 특히 요즘 어린이들에게는 더 없이 신나는 체험거리가 된다는 사실이 신기하기도 했다. 지금의 30대 후반 세대까지만 해도 대부분 일상적으로 즐기던 놀이들이었기 때문이다.

시골이 어린이들에게만 인기 있는 장소로 변모한 것은 아니었다. 시야가 온통 푸른색으로 가득 차는 경험은 도시에서의 생활이 익숙한 모두에게 희귀하고 소중한 것일 수밖에 없었다. 그것이 산이든, 논이든, 바다든 상관없이 일상에서 벗어났음을 더 극적으로 일깨울 수 있다면, 그 자체만으로도 비용을 지불할 가치를 갖게 되는 경우가 많았다. 그리고 이러한 변화를 누구보다 일찍 감지한 사람들도 적지 않았다.

생활공간으로서의 시골을 도시보다 더 선호하는 이들 역시 만날 수 있었다. 성향에 따라 시골에 정착한 이들을 만날 때면, 일종의 동질감을 느낄 수 있어 기분이 좋았다. 물론 그들은 '먹고 살 일만 찾으면'이라는 전제조건을 해결했기에 시골에 살고 있었는데, 그 먹고 살 일들 대부분은 시골을 무형의 자원으로 활용하는 것들이었다. 시골에 살고 있으면서도 도시로부터 내려오는 일을 받아 돈을 버는 내 입장에서는 부러운 모습이기도 했다.

이렇게 다양한 형태의 시도와 사업과 생활을 6년 가까이 여러 차례 접하다 보니, 산업으로서의 농업이 갖고 있는 경쟁력에 대한 의문은 더욱 커졌다. 농업이 갖고 있는 유무형의 가치가 낮았다면, 그래서 한 가족 정도 겨우 부양할 만큼의 부가가치만 창출해왔다면, 시골에 아직 사람이 남아 있을 이유가 있을까? 어쩌면 내가 지금까지 갖고 있는 시각이 잘못된 것은 아닐까?

내가 경험했던 여러 현장과 사례들을 끌어모아놓고 한발 물러나 바라보니 더 명확히 알 수 있었다. 가까이서 볼 때는 그저 특별한 사람 혹은 사례 하나일 뿐이었지만, 그것들을 시간 순서대로 혹은 유형별로 나누자 농업과 농촌에서 일어나고 있는 변화가 어떤 방향을 향해 얼마만큼의 속도로 이루어지고 있는지 어렵지 않게 확인할 수 있었다. 농업은 그 어느 산업 분야보다 빠르게, 미래를 향해 나아가고 있다는 것을 말이다.

기술의 발전은 많은 부분에 있어 격차를 해소하는 역할을 한다. 정보의 유통 범위뿐 아니라 도전 가능한 영역을 넓히는 데 기술의 혁신만큼 효과적인 요소도 없다. 농업은 오랫동안 다른 분야와 활발히 융합되지 못했기에 많은 과학자들과 공학자들에게 더없이 흥미롭고 가능성이 풍부한 분야로 주목받기 시작했다. 그리고 결정적인 요소 하나가 더해졌다. 바로 불확실성의 증가다. 예측이 무의미해진 기후변화와 이제 모두 사라졌다고 생각했던 세계 곳곳의 전쟁 위협이 우리가 먹고 사는 일에 직접적 영향을 끼친다는 사실을 다양한 경로로 체감하게 되자 더 많은 정책과 자본이 농업으로 향하기 시작했다. 흙먼지와 진흙으로 둘러싸인 공간이라고 생각하던 농업 현장은 이제 센서와 자동화 설비들로 채워지고 있다.

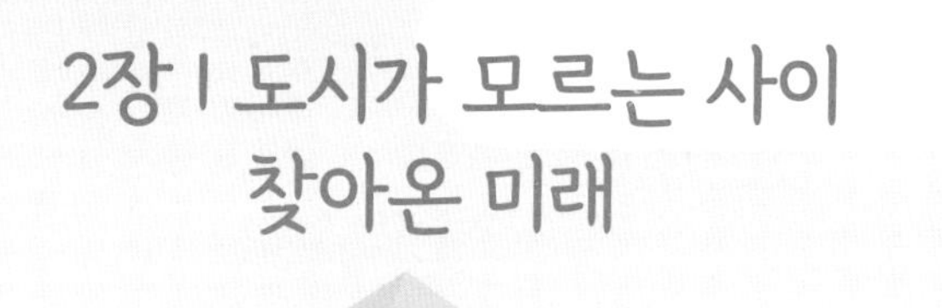

2장 | 도시가 모르는 사이 찾아온 미래

가장 오래된 산업의 가장 빠른 진화

농업은 오래 전부터 다양한 기술적 시도가 진행된 산업이다. 이유는 간단하다. 모든 분야의 산업이 그러하듯, 불확실성을 최대한 제거하기 위함이다. 그리고 농업의 불확실성은 기온, 습도, 일조량, 강수량, 바람 등 인간이 제어할 수 없는 것들이다. 그래서 농업과 관련된 기술은 외부 변수를 차단하는 방향으로 진화해왔다. 가장 흔하게 떠올릴 수 있는 농업 시설인 비닐하우스가 대표적인 사례다. 하지만 고대 중국과 로마 시대 때부터 존재했던 이 원시적인 형태의 온실은 그 기능에 있어 한계가 명확했다. 온실 안의 온습도 및 일조량을 조절하기 위한 광열비와 인력 등 유무형의 자원이 적잖게 투여됐던 탓이다.

이런 문제에 대한 새로운 해결책이 제시되기 시작한 것은 2010년 이후 스마트팜 개념이 도입되면서부터다. 스마트팜은 온습도 및 광량을 확인할 수 있는 센서들과 보일러 운용 및 환기구 개폐 등을 원격 혹은 자동으로 조절할 수 있도록 만드는 기계장치로 구성된 비닐하우스라고 생각하면 이해하기 쉬울 것이다. 다양한 센서들은 비닐하우스 내부의 상태를 정확하게 파악할 수 있도록 도와주고 각종 기계장치들은 작물 생장에 최적의 조건을 만들어준다. 다만, '작물 생장에 최적의 조건'을 파악하는 것은 스마트팜 운영자의 몫이다. 초기에는 이러한 사실을 모르고 '모든 것을 알아서 해주는 비닐하우스'로 잘못 이해한 농업 종사자들이 적지 않았다.

농업의 근간이라고 할 수 있는 종자와 관련된 연구개발은 이보다 훨씬 이전부터 진행되어 오고 있다. 특정 환경이나 질병에 강한 종자를 만들기 위한 노력은 인류가 농경문화를 만들어낸 이래로 계속됐다고 해도 과언이 아니다. 이렇게 종자를 개량하거나 새롭게 만드는 과정에는 어마어마한 데이터와 투자가 뒷받침되어야 한다. 우리가 흔히 알고 있는 선진국들이 종자와 관련된 모든 것을 사실상 독과점하고 있는 것도 그런 까닭 때문이다.

하지만 새롭게 보급되기 시작한 스마트팜 관련 하드웨어라면 이야기가 달라진다. 이 역시 오랜 기간 경험을 축적한 곳들과 경쟁이 쉽지 않은 것은 마찬가지지만, 전통적인 농산업 분야에 비해서는 상대적으로 진입장벽이 낮고, IT와 기계 등 다른 분야 기술과의 융합이 용이하다. 그래서 농업과는 전혀 관계없는 분야에서 경력을 쌓은 다양한 전문가들이 농업에 뛰어들고 있다. 이러한 분위기는 코로나19가 발생하자 더욱 빠르게 확산됐다.

현대 인류는 전 세계를 대상으로 하는 자유 무역을 상식으로 여기며 살아왔다. 세상 어디에 있는 것이라도 비용을 지불하면 모두 구할 수 있을 것이라고 생각했다. 하지만 다시 오지 않으리라 생각하던 세계적 규모의 전염병이 창궐하자 항구와 공항은 외부로부터 유입되는 모든 것을 차단했다. '당장 내일 어떻게 될지 모른다'라는 위기감으로 식량 수출 국가들은 반출을 엄격히 금지했다. 이러한 상황에서 가장 큰 타격을 입은 곳은 바로 식품 가공 분야였다. 자국에서 생산되지 않는 원료를 모두 수입해오던 기업들은 구매선을 새로 확보하기 위해 동분서주했다.

팬데믹 상황이 예상보다 오래 지속되자 식량 자급률이 낮은 일부 국가에서는 가공용이 아닌 주식용 곡물을 구하는 데 어려움을 겪기 시작했다. 위기감은 전염병만큼이나 빠르게 확산됐다. 국내 역시 마찬가지였다. 그저 허울 좋은 구호인 줄로만 알았던 '식량안보'가 실제 우리 생활에 큰 영향을 미친다는 사실을 체감하는 계기가 됐다. 그동안 이어졌던 농업에 대한 여러 지원이 결국 국가의 근간을 지탱하게 하는 데 큰 역할을 한다는 사실에 많은 이들이 공감했다. 그래서 2024년 현재, 국가연구과제를 진행하는 많은 연구기관에서는 "농업 분야 분위기가 가장 좋다"라는 이야기가 돌고 있을 정도다.

이러한 '분위기'는 실제로 의미 있는 결과물을 만들어내고 있다. 2024년 1월 라스베가스에서 열린 세계 최대의 가전박람회인 CES(The International Consumer Electronics Show)에서 한국의 농업 관련 8개 기업들이 총 27개 기업에게 주어지는 'CES 최고혁신상'을 수상한 것도 그 증거들 중 하나다. 온도와 습도, 진동 등 외부자극에 의해 변화하는 출력물을 생성하는 4D 프린팅 기반의 개인 맞춤 영양 공급 시스템, 물 대신 공기로 식물을 재배하는 혁신적 스마트팜, AI 스캐너를 통해 음식의 양과 종류를 분석해서 한 끼에 섭취하는 영양 정보를 확인할 수 있는 푸드 스캐닝 솔루션 등에 전 세계의 이목이 쏠렸다.

농업에 대한 새로운 시각을 가진 이들이 전에 없던 활발한 도전을 이어온 덕분이기도 했다. 그리고 그 뒤에는 국가적으로 추진하고 있는 새로운 지원들이 크고 작은 도움을 주고 있다.

지금 가장 활발히 성장하고 있는 산업

현재 농업과 타 산업 분야의 연계에 대한 지원은 전례 없는 수준으로 이루어지고 있다. 앞서 언급한 2024년 CES에서 뛰어난 성과를 올릴 수 있었던 데는 농림축산식품부, 과학기술정보통신부, 농촌진흥청이 함께하는 '스마트팜 다부처 패키지 핵심기술개발사업'이 큰 역할을 했다는 것이 관계자들의 평가다. 기존의 농업 기술뿐 아니라 AI, 빅데이터, 신재생에너지 등 우리의 생활을 더 안전하고 건강하게 만들어주는 다양한 기술들을 융합하는 연구개발에 적극적인 지원을 실행함으로써 농업의 성장 가능성이 유례없이 높아졌다는 의미다.

첨단기술개발에만 지원이 집중되는 것은 결코 아니다. 특히 그동안은 농업인의 소득증대에 초점을 맞추고 있던 지원사업들이 새롭게 농업에 진입하려는 이들을 위한 프로그램으로 변화하고 있다. 교육과 실습은 물론 농촌에서의 생활도 체험할 수 있는 기회를 제공하는 한편, 사업성이 타당하다고 판단되는 청년들의 창업에 대해서는 10억 원 이상의 창업자금을 무이자 혹은 저리 대출로 지원하고 있다.

기존 농업인들에 대한 지원 역시 다양해졌다. 농업인들의 고충을 가장 많이 해소해주는 전국 각지의 농업기술센터에서는 재배법뿐 아니라 직거래를 위한 홍보 마케팅에 대한 강의가 큰 인기를 얻고 있다. 실제로 젊은 후계농과 귀농인들은 농업기술센터에서 익힌 라이브 커머스 경험을 토대로 다양한 플랫폼에서 자신의 농산물을 안정적으로 직거래하는 경우가 적지 않다.

상상보다 많은 기회가 기다리고 있는 공간

농촌을 문화적 콘텐츠 제작을 위해서 활용하는 경우도 급속하게 늘어나고 있다. 특히 코로나19를 거치면서 원격 근무에 대한 거부감이 극적으로 낮아지며 워케이션 공간으로서의 농촌이 갖고 있는 이점에 대해 주목하는 이들이 빠르게 늘어났다. 기존의 체험 및 휴양 공간이 통신 기술 발달 덕분에 업무 공간으로도 새롭게 발전하기 시작한 셈이다.

지자체들은 이러한 트렌드를 적극적으로 활용하기 위해 자체적으로 기획한 다양한 정책을 앞다투어 선보였다. 워케이션을 원하는 기업 혹은 개인에게 공간을 지원해주며 해당 지역에 대한 홍보 효과를 노리는 프로그램들이 많았다. 물론 이러한 흐름을 좀 더 세련된 기획과 디자인으로 꾸미는 개인과 지역 단체들도 적지 않았다. 특히 농촌 지역에서 새로운 가능성을 찾고 있는 청년들은 또래의 니즈 파악과 SNS상에서의 홍보에 큰 강점을 갖고 있어 짧은 시간 안에 '핫플(핫플레이스)'을 만들어내곤 했다.

청년들은 지역에서 생산되는 농산물에 기획력과 디자인을 더해 더 높은 부가가치를 만들어내는 데도 앞장서고 있었다. 특히 브랜딩과 마케팅에 대한 이해가 충분한 청년들은 이 제품이 왜 다른 것과 차별화되는지 알기 쉽고 기억하기 쉽게 알림으로써 지역 농업인들과 상생하는 경우도 많았다.

다만 기억해두어야 할 것이 있다. 어느 분야든 마찬가지지만, 농업으로의 도전이 성공을 보장하지 않는다는 사실이다. 농업의 성장 가능성이 빠르게 높아지고 있다고 해도 산업으로서의 농업이 기록하고 있는 수익률은 "정말 이게 맞아?"라는 의문을 갖게 만드는 경우가 많다.

앞서 언급하기도 했지만, 내가 찾아다닌 많은 곳들은 이미 일정 궤도에 올랐거나 성공 가능성이 높은 곳들이 대부분이었다. 하지만 몇 년 후 다시 그곳의 소식을 뒤적여 보면, 내가 작성한 기사가 마지막 소식인 것을 발견하는 경우가 적지 않았다.

많은 수의 창업이 3년을 넘기기 힘들다는 것은 널리 알려진 사실이다. 그리고 농업은 더더욱 그러하다. 어떤 분야든 성공보다는 실패 사례가 더 많지만, 농업은 그 비율이 압도적이라고 할 수 있을 정도다. 게다가 귀농 혹은 창농을 계획하고 있는 이들을 상대로 과장·과대광고를 앞세워 사기 계약을 노리는 경우도 있다.

농촌과 농업은 낭만적 상상력을 자극하는 힘을 갖고 있다. 낭만적 상상은 낙관적 예상으로, 낙관적 예상은 지나친 자신감으로 이어진다. 지금까지와는 전혀 다른 세계로 진입하는 이들이 가장 경계해야 하는 요소들이다. 그렇기에 농업으로의 진입은 상당한 준비를 요한다. 특히 습득하고 익혀야 하는 지식과 기술의 양과 폭은 그 어떤 분야와 견주어도 적지 않다.

그렇다고 해서 망설일 필요는 없다. 많은 농업인들이 "농업만큼 정직한 일도 없다"라는 명제에 적극 공감하기 때문이다. 노력하는 만큼, 공부하는 만큼 돌려주는 것이 농업이다. 시골살이 역시 마찬가지다. 스스로 외부인이라는 인식을 갖고 먼저 다가선다면 배타적 경험을 할 가능성은 그리 높지 않다. 그러니 우선 자신이 농업 현장에서 혹은 도시 바깥에서 무엇을 할 수 있을지 시간을 갖고 잘 살펴보자. 자신의 결심이 무르익을 때까지 말이다.

실제 농업 현장에서 고용계약서를 작성한 후 월급을 받는 사례는 그리 많지 않다. 대규모 시설재배 현장에서 재배사를 고용하는 경우가 없지는 않지만, 아직까지는 그 숫자가 많지 않은 것이 사실이다. 하지만 혼자 혹은 가족들과 함께 농사를 지으며 이제 막 승진한 대기업 과장 연봉 수준의 수익을 올리는 경우는 적지 않다. 도시 생활자의 월급만큼만 수익이 생기면 된다는 소박한 바람으로 농사를 시작한 이들이다.

3장 I 당신도 할 수 있는, 농사로 월급 벌기

수학학원 강사의 오이 농사 도전기

개구리가 사는 오이 농장

출처 : 저자 제공

시골로 간 수학 강사

전라남도 고흥에 위치한 취재처의 정보를 받았을 때 가장 먼저 눈에 들어온 것은 그 이름이었다. 개구리가 사는 오이 농장. 이 단어들을 통해 연상되는 장면은 초록색 오이 덩굴 위에 앉아 있는 청개구리였다. 신선하고 깨끗한 이미지. 2018년부터 농사를 짓기 시작한 염동일 대표는 “그런 이미지를 노린 게 맞다"라며 웃었다. 다만, 큰 고민을 하고 지은 이름은 아니었다고 한다. 각종 지원 서류에 농장명을 적어야 했는데, 한겨울에도 가끔 비닐하우스 안에서 만나게 되는 청개구리가 문득 떠올라 직관적으로 지은 이름이라고 했다.

염동일 대표는 수도권에서 오랫동안 수학강사로 일했다. 2015년, 은퇴한 부모님이 먼저 고흥에 정착했고, 그는 종종 부모님을 뵈러 고흥을 오갔다. 고흥에 딱히 연고가 있었던 것은 아니었다. 재정 상황에 맞는 곳을 물색하다 보니 고흥이 최적의 장소였다. 그렇게 먼저 고흥에서 생활을 시작한 부모님은 얼마 지나지 않아 외동아들에게 함께 생활할 것을 권했다.

그 권유에 따라 고흥으로 내려온 염동일 대표가 처음 시작한 일은 순천이나 여수 등지의 수학강사 자리를 알아보는 것이었다. 하지만 수도권과는 전혀 다른 보수에 다시 원래의 생활터전으로 돌아갈 생각도 했다고 한다. 그에게 농사는 단 한 번도 생각해 본 적이 없는 일이었기 때문이다. '그래도 한번 알아나 보자'라는 생각에 고흥군 농업기술센터에서 귀농 상담을 받았다.

"상담 당시 추천받은 작목이 오이였어요. 월급처럼 따박따박 통장에 돈이 입금된다는 설명에 마음이 움직였죠. 게다가 청년창업농으로 선정될 경우 3년 동안 소정의 생활자금도 지원된다는 이야기를 듣고 농사를 짓기로 결심했습니다."

그렇게 오이재배를 위한 땅과 비닐하우스를 마련하고 농업기술센터에서 배운 대로 오이 농사를 시작했다. 2018년 초의 일이었다. 한 번도 육체노동을 해본 적이 없는 그였지만, 한 달 무렵이 지나자 일도 익숙해졌다. 애초에 '무리하지 않는 선에서 일하자'라는 방침을 세운 덕분이기도 했다. 물론 기대한 만큼 오이를 수확하지는 못했다. 초보 농부였기에 당연한 일이라고 생각했지만, 수확이 늘지 않으면 수입이 늘지 않는 것은 당연한 일이었다. 경제적인 부분에 대한 압박으로부터 자유로울 수가 없었다. 오이 재배 노하우를 배우는 한편, 판로 확보를 위해 작목반에 들어갔다.

결국, 스스로 찾은 길

작목반은 '같은 작목을 재배하는 농가들이 농산물의 생산과 유통, 판매 등의 작업을 공동으로 진행해서 농가소득을 높이기 위해 결성한 조직'을 뜻한다. 다만 생산지가 모두 다르고, 재배 노하우 역시 모두 다르다. 작목반에 따라서는 일정 수준 이상의 농사 기술을 갖고 있는 사람에게만 문을 열어주는 경우도 있다. 품질 수준을 유지하기 위한 조치다.

다행히 염동일 대표는 어렵지 않게 작목반에 들어갔다. 하지만 재배 및 생산량에 대한 압박감은 오히려 더 커졌다. 다른 작목반원들과 자신의 농사 실력이 직접적으로 비교되기 시작했기 때문이다.

"무엇보다 수확량이 얼마나 차이 나는지 금세 알게 됐어요. 다른 시기는 얼추 따라간다고 생각하다가도, 본격적인 겨울이라고 할 수 있는 동지 무렵부터는 차이가 확 벌어지는 것을 보고 스트레스를 받기 시작했죠."

고흥 오이는 겨울에 가장 비싸게 팔린다. 11월부터 오이 시세가 조금씩 오르기 시작해서 설날 무렵이면 최고점을 찍고 하락하는 것이 일반적이라고 한다. 그래서 겨울에 많은 오이를 생산하는 것이 무엇보다 중요했지만, 아직 기술이 일천한 초보 농사꾼에게는 베테랑만큼 생산량을 늘리기가 쉽지 않았다. 같은 작목반에 속해 있는 이들에게 도움을 청하며 이곳저곳 견학도 많이 했다.

하지만 오이가 주렁주렁 열린 재배 현장을 견학하는 것만으로는 문제점을 파악할 수 없었다. 선배들의 조언에는 중요한 무언가가 빠져 있다는 생각도 들었다. 무엇보다 정확한 데이터에 근거한 농사가 아니라는 점이 마음에 걸렸다.

"관행농이라는 것은 가장 농사가 잘 됐던 해를 기준으로 잡고 그때의 농법을 그대로 따르는 거예요. 환경이 변화하면 경험에 의해 약간의 조절을 하고요. 그러니 조언을 구하는 입장에서는 뜬구름 잡는 소리일 수밖에 없는 거죠."

결국은 스스로 해결해야 했다. 그래서 2년 동안 오이 재배 환경에 다양한 변화를 줬다. 굴삭기를 불러 땅을 1m 깊이로 파고, 유기농 퇴비를 넉넉히 묻기도 했다. 그러자 생산량이 늘어나기 시작했다. 당연히 이 과정을 꼼꼼하게 기록했다. 그리고 이제는 스스로 농부라고 부를 정도의 농사 실력을 갖추기 시작했다.

판매에도 관행이 있다

고흥에서의 오이 농사는 겨울 출하에 모든 것이 맞춰져 있다. 가을에 오이 모종을 심고 줄기가 정해진 곳으로 자라도록 유인작업을 완료한 후에는 이틀에 한 번씩 수확하는 것이 일반적이며, 수확은 보통 6월 말까지 이어진다. 하지만 5월에 접어들면서부터는 오이의 품질이 떨어지기 때문에 일반적으로는 4월쯤 수확이 마무리된다.

"겨울에 수확하는 오이들은 품질도 품질이지만, 수량에 집중하게 돼요. 경매 시세가 좋으니 될 수 있는 한 많이 출하할수록 이익이 커지거든요. 출하는 작목반을 통해 이루어지는데, 이 과정에서 운송 및 경매 등에 대한 수수료가 발생하게 됩니다. 수확량이 많을 때는 상대적으로 수수료 부담이 적지만, 수확량이 적어지면 얘기가 달라지죠."

염동일 대표는 다른 사람들이 잠시 쉬어가는 시기에도 오이를 수확하기 시작했다. 3월 초에 새롭게 심은 모종에서 열리기 시작한 새로운 오이들을 개인 소비자들에게 직거래하기 위함이었다. 처음에는 스스로도 확신이 없는 일이었다고 한다. 직거래를 통해 판매되는 오이 역시, 경매에

부칠 때와 마찬가지로 1박스 단위로 포장했기 때문이다. 그런데 수요는 예상보다 훨씬 컸다.

오픈마켓 몇 곳에 오이를 올린 지 얼마 되지 않아 금세 수요가 생산을 앞질렀다. 하루 20박스 정도 수확한 오이는 전량 택배로 발송했다. 선별과 포장은 부모님이 담당했고, 택배 대리점까지의 배송은 염동일 대표의 몫이었다. 염동일 대표 가족에게 매일 돌아오는 수익이 발생하기 시작했다. 물론 고충도 있었다.

"크기, 모양, 맛, 향 등등 오이에 대한 요구사항이 굉장히 다양하더라고요. 처음엔 최대한 맞추려고 했지만 현실적으로 불가능한 일이라는 사실을 금세 깨닫게 됐습니다. 그래서 딱 두 가지에만 집중을 했어요. 신선함과 깨끗함. 개구리가 살고 있는 오이 농장이라는 이름이 주는 이미지와 맞아떨어지는 것들이기도 하고요."

이러한 직거래는 1년 중 단 두 달 동안만 진행하고 있다는 것이 염동일 대표의 설명이다. 수익률은 직거래가 높지만, 겨울 오이 출하 시기의 절대 수익이 더 크기 때문이다. 그래서 재배 환경과 기술을 더욱 고도화하는 것이 염동일 대표의 현재 목표다.

체계화할수록 커지는 수익

흔히 비닐하우스라고 부르는 재배 시설 안에서의 재배는 크게 두 가지 종류로 나눌 수 있다. 원래의 흙을 있는 그대로 사용하는 토양재배와 식물 성장에 필요한 갖가지 영양분을 액체 형태로 공급하는 양액재배가 바로 그것이다. 염동일 대표는 현재의 토양재배에서 양액재배로의 전환을 계획하고 있다. 양액재배를 통해 더 많은 변수를 제어할 수 있기 때문이다.

"효율을 높이기 위해서는 스스로 어떻게 농사를 짓고 있는지 기록하는 것도 굉장히 중요해요. 어디서 낭비가 있었는지, 어떤 부분에서 판단 착오가 있었는지 더 정확히 판단하고 실수를 줄여나갈 수 있거든요. 그래서 경영기록장을 꾸준히 작성하고 있고요. 같은 일을 해야 하는 상황에서는 데이터가 무엇보다 중요한 자산이 된다는 것을 새삼 느끼고 있습니다."

이렇게 기록한 데이터들을 전라남도 농업기술원에 제출하면, 연말에 소득분석표를 받아볼 수 있다고 한다. 그 표를 통해 한 해 농사를 꼼꼼히 되돌아 볼 수 있을 뿐 아니라 같은 작목을 재배하고 있는 농가 중 자신의 성적이 어느 정도인지 객관적으로 확인할 수 있어 큰 자극이 된다고 한다.

"처음엔 수도권에서 받던 월급 수준만 되어도 좋겠다고 생각했던 일이지만, 이제는 하나의 소기업을 운영하고 있는 것과 비슷한 상황입니다. 당연히 수익에 대한 만족감은 크죠. 앞으로도 계속 농사를 지을 예정이고요. 시설을 확충해서 좀 더 많은 부분을 자동화한다면 더 높은 효율을 통한 큰 수익을 기대할 수 있을 것입니다."

월급을 바라고 농사를 시작한 염동일 대표는 어느새 경영자가 되어 농장을 운영하고 있었다. 그렇게 한 명의 새로운 농업인이 탄생했다.

〈개구리가 사는 오이 농장〉 키워드

1. **가장 가까운 고민해결소, 농업기술센터** : 농업기술센터는 귀농을 계획하는 이들이 가장 먼저 방문해야 하는 곳이다. 귀농하고자 하는 이의 상황, 지역의 특성을 고려한 작물을 추천해줄 뿐 아니라 농사법에 대한 자세한 교육도 이루어진다. 쉽게 말해, 농업에 대한 모든 정보가 준비되어 있는 곳이라고 생각하면 된다. 창농(創農, 농업 분야에서의 창업)뿐 아니라 농업 현장으로의 취업 정보 역시 제공하고 있으니 농업으로의 전직을 계획하고 있다면 우선 상담부터 받아보자. 계획이 좀 더 구체적으로 변화할 것이다.

2. **농업인이라면 반드시 고민하게 되는 직거래** : 직거래는 판매자와 소비자 모두 합리적 가격에 만족할 수 있는 유통 형태라고 생각하기 쉽지만, 꼭 그렇지만은 않다. 특히, 서비스직을 경험하지 못한 경우라면 농사보다 직거래가 더 힘들 수 있다. 소비자로부터 발생하는 불만사항은 예상을 훨씬 뛰어넘는 것들이 많기 때문이다. 많은 농업 현장에서 직거래가 아닌 수매나 공판장을 선택하는 것 역시 선별 및 포장, 배송 등 재배와 수확 이외의 과정에 유무형의 에너지를 소모하지 않기 위함이다. 때문에, 귀농 후 어떤 방식으로 작물을 판매할지 충분한 고민이 필요하다. 한 가지 팁이라면, 수확 시기가 짧은 과일류는 직거래가 필수적인 반면, 꾸준히 수확이 이루어지는 채소류는 그 물량을 받아줄 수매나 공판이 유리한 경우가 많다는 점을 기억해두자.

3. **반드시 작성해야 하는 경영기록장** : 회사에서 작성하는 업무일지와 비슷한 개념이다. 그날 하루 어떤 작업을 했으며, 어떤 자재(비료 및 농약 등)를 얼마나 사용했는지 기록함으로써 생산비를 정확하게 유추할 수 있다. 연말에는 그동안 입력한 자료를 토대로 다양한 데이터를 제공하기 때문에 농사를 경영의 관점에서 바라볼 수 있는 근거를 얻게 된다. 처음 농사를 시작할 때부터 경영기록장을 작성하는 습관을 확립한다면, 더 빠르게 원하는 궤도에 안착할 수 있을 것이라는 것이 농업 종사자들의 공통된 견해다.

〈개구리가 사는 오이 농장〉 생생 취재 후기

– 귀농 시 가장 깊이 고민해야 하는 부분은 작물 선정이다. 우리가 흔하게 접하는 과채류는 재배를 위한 상세 매뉴얼이 준비되어 있지만, 그 대부분은 표준적인 내용들인 경우가 많다. 매뉴얼을 따르는 것도 중요하지만, 그게 전부는 아니다. 실제 농사는 온습도와 일조량 및 토양 산도(pH) 등 다양한 변수에 대응해야 한다. 같은 지역이라도 식물 성장에 중요한 영향을 미치는 환경은 모두 다르다는 사실을 잊지 말자. 그래서 농사를 지으려는 곳에 대해 가장 많은 데이터를 갖고 있는 농업기술센터의 조언을 받는 것이 무엇보다 중요하다. 염동일 대표는 이러한 철칙을 누구보다 잘 지켰다.

– 취재를 다니다 보면 성공 사례 못지않게 실패 사례 역시 많이 접하게 된다. 실패의 이유에 대해 좀 더 깊은 사정을 듣고 있노라면, 《안나 카레니나》의 그 유명한 첫 문장이 떠오른다. '행복한 가정은 모두 엇비슷하고, 불행한 가정은 불행한 이유가 제각각 다르다' 즉, 성공한 이들은 대부분은 기본을 잘 지키며 노하우를 쌓기 위해 열심히 노력한 반면, 실패한 이들은 저마다의 이유로 손해를 감수하고 농업·농사와 결별하게 된다. 그 사유를 항목별로 묶는다면, 가장 큰 비중을 차지하는 것은 '데이터에 근거한 판단과 거리가 멀었다'라는 사실일 것이다.

– 흔치 않은 것, 내가 혹은 지인들이 좋아하는 것, SNS에서도 유행하는 것들이 새롭게 농사를 시작하려는 이들에게는 매력적으로 보일 수 있다. 하지만 생산자는 언제나 소비자 입장에서 생각해야 하는 법이다. 물론 특용 작물로 성공한 이들도 적지는 않지만, 결코 많다고는 할 수 없는 수준이다. 우리가 일반적으로 소비하는 과채류보다 수요가 월등히 적기 때문이다. 그래서 베테랑 농부들도 특용 작물에 대해서는 소량의 시험 재배를 통해 경제성을 타진하는 경우가 많다.

– 농촌이라는 단어가 주는 선입견은 분명히 존재한다. 이런저런 유행이나 경향에 뒤떨어진다고 생각하기 쉽지만, 그건 생활과 관련된 부분에 국한된 이야기일 뿐이다. 생계와 직결되는 작물재배에 있어서는 누구보다 민감하게 반응한다. 그리고 그러한 정보들은 앞서 언급했듯이 각 지역 농업기술센터에 모여 있으니 반드시 적극적으로 활용하도록 하자.

나밖에는 할 사람이 없어서

대길농업회사법인

출처 : 저자 제공

가족 모두가 반대하던 무모한 결정

내가 농업에 뛰어들게 된다면 재배보다는 사육이 더 적성에 맞지 않을까 하고 생각할 때가 종종 있었다. 식물보다 동물을 훨씬 더 좋아하기 때문이다. 어렸을 때부터 종을 막론하고 움직이는 생물 대부분을 좋아했기에, 그리고 식물의 작은 변화를 알아차릴 만큼 세심하지 못하기에 내게

축산 분야는 꽤 매력적인 영역이었다.

하지만 이런 낭만적 상상은 몇 번의 취재를 통해 일찌감치 부서졌다. '먹고 살 만큼'의 이익을 내기 위해서는 일정 수준 이상의 사육 두수(頭數)가 필수적이었고, 그 정도의 사육 두수를 확보하기 위해서는 큰 자본이 필요했다. 설령 자본이 있다고 해도 법정 혐오시설인 축사를 짓는 데는 상당한 어려움이 뒤따랐다.

게다가 '제대로' 사육하기 위한 지식 역시 일정 수준 이상으로 쌓아 올려야 한다. 상업적 이유로 동물을 기르는 이상 단순히 건강하다, 활기차다는 것만으로는 시장의 요구를 충족시킬 수 없다. 여기까지는 이성적 영역이다.

판매 혹은 출하를 염두에 두고 가축을 키우는 데 있어 무엇보다 큰 장벽으로 작용하는 점은 정을 주고 교감하는 동물을 상품으로 인식해야 한다는 사실이다. 물론 오랫동안 축산업에 종사한 전문가들은 그런 감정이 많이 무뎌지기 마련이지만, 아예 무감해지는 것은 쉽지 않은 일이다. 가축에게 이름 대신 번호를 붙이는 것은 그 숫자가 많기 때문이기도 하지만 자칫 감정이 개입할까 두렵기 때문이다. 쇼핑몰을 운영하고, 프리랜서로 건축 관련 일을 하던 조혜진 대표 역시 이런 점이 가장 힘들었다고 한다.

"처음엔 애들한테 하나하나 이름을 붙여줬어요. 녀석들 중에 몇몇이 아플 때면 치료법을 찾느라 동분서주하면서도 미안한 마음에 끌어안고 울기도 많이 울었고요. 그렇게 정성스럽게 키운 아이들을 떠나보낼 때가 되니까 정말 괴롭더라고요."

조혜진 대표는 농사에는 뜻이 없었다고 한다. 하지만 부모님 두 분의 건강이 동시에 나빠지자 과수원을 돌볼 수 있는 사람은 그밖에 남지 않았다. 다행히 농사일이 전혀 낯선 것은 아니었다. 어렸을 때부터 봐오던 일이 과수 농사였으니까. 하지만 직접 손을 움직이는 건 또 다른 문제였다. 그래서 처음에는 많은 스트레스를 감내할 수밖에 없었다.

장화를 신고 복숭아나무와 감나무 사이를 오가는 일에 차츰 익숙해지자 부모님의 건강회복을 위해 무엇을 하면 좋을지 고민할 여력이 생겼다. 그런 그의 눈에 들어온 것은 아버지가 소일 삼아 키우시던 흑염소 세 마리였다. 환자의 기력회복에 흑염소가 좋다는 민간요법은 오래 전부터 전해져 왔던 터였다. 그래서 흑염소에 대한 공부를 시작했다. 덕분에 흑염소의 영양학적 가치와 식재료로서의 가능성을 확인할 수 있었다.

"사실 부모님이 편찮으시기 전까지는 뭐가 건강에 좋다더라는 말은 한 귀로 듣고 흘리는 정도였어요. 젊었으니까. 하지만 막상 제게 시급한 일로 닥치고 뭐라도 해야겠다는 급박한 생각이 들자 그저 집에서 아무렇지도 않게 키우고 있던 흑염소가 다시 보이기 시작한 거죠."

그리고 그렇게 달라진 시각은 부모님의 병구완을 넘어 더 큰 계획을 세우는 데까지 이르게 된다. 하지만 상업적 목적으로 흑염소를 키우는 전업 축산인이 되겠다는 그의 뜻에 부모님은 절대 반대 의사를 분명히 했다. 제대로 된 농사를 한 번도 지어보지 않은 딸이 가축이라고 온전히 키울 리 만무하다고 생각했던 탓이다. 특히 어머니는 "결국엔 너희 아빠가 다 떠안게 될 것 아니냐"라며 조혜진 대표의 계획을 막아섰다. 그럼에도 그는 새롭게 세운 계획을 포기하지 않았다.

"부모님의 도움을 받을 생각은 애초에 없었어요. 그래서 모든 것을 혼자 하겠다는 전제하에 계획을 세웠고요. 완전한 스마트팜이라고 부를 수는 없지만, 배설물이 자연 낙하할 수 있는 높이의 고설 축사를 짓고 냉난방이나 급수 같은 부분을 최대한 자동화한 것도 누군가의 도움을 받을 수 없는 상황을 염두에 두었기 때문이죠."

그런 시설은 지난 2016년, 청년창농지원제도의 도움을 통해 완성됐다. 지원 금액은 3억 원. 당연히 상환까지 이르는 길은 그리 쉬워 보이지 않았지만, 이제 막 새로운 출발을 한 조혜진 대표에게는 모든 것이 긍정적으로만 보일 수밖에 없었다. 그래서 '이런 부분들까지 자동화해뒀으니 시간적 여유도 좀 생길 것'이라는 낭만적 상상까지 했다고 한다. 물론 그게 잘못된 생각이라는 사실을 깨닫는 데까지 오랜 시간이 필요하지는 않았다.

교수님, 우리 아이가 죽을 것 같아요

흑염소는 160일 동안 임신하고 평균적으로 한두 마리의 새끼를 낳는다. 보통 첫 번째 출산은 한 마리, 두 번째 출산은 두 마리를 낳는 것이 일반적이니 1년에 세 마리의 새끼를 기대할 수 있다. 질병 등으로 인한 폐사는 전체의 30%를 목표로 잡았다. 큰 변수가 발생하지 않는다면 3년 후부터 수익을 기대할 수 있으리라는 계산이 섰다. 일주일 중 나흘만 일하면 되겠다는 '싱그러운' 상상도 가능했다. 그런 상상과 함께 입식(축사 등에 가축을 들여보내는 일)한 흑염소는 100두였다.

"그런데 입식 첫날부터 새끼 흑염소들한테서 설사 증상이 나타났어요. 흑염소에게서 가장 많이 발생하고, 가장 높은 폐사율을 보이는 질병이라 모든 부분에 있어 초보였던 제게는 큰일이었죠."

물론 약을 쓰면 되는 일이었지만, 조혜진 대표는 동물의약품과 항생제를 사용하지 않겠다는 사육 원칙을 내걸었던 상황이었다. 그래서 매실액도 먹여봤지만 나아지질 않았다. 다행히, 수소문 끝에 함초를 먹이면 설사를 잡을 수 있다는 이야기를 듣고 급한 불을 끌 수 있었다. 하지만 흑염소를 폐사에 이르게 하는 병이 설사에만 국한된 것은 아니었다.

아직 어린 흑염소들이 이런저런 이유로 앓기 시작하면, 마땅한 처방을 즉각 찾을 수 없었던 초보 축산인 조혜진 대표는 새끼들을 끌어안고 울기도 여러 번이었다고 한다. 다양한 상황에 빠르게 대처할 수 있을 만큼의 지식이 무엇보다 필요했다. 그래서 순천시 농업기술센터를 찾아 흑염소에 대해 공부할 수 있는 방법을 물었고, 전남대학교 농업마이스터대학에 흑염소 마이스터 과정이 있다는 사실을 알게 됐다. 그래서 무작정 전남대학교로 찾아가 담당 교수를 만나 청강 허락을 애원했다고 한다.

"교수님을 만나 뭘 어떻게 해야겠다는 계획 같은 것은 전혀 없었어요. 무작정 배워야겠다는 생각으로 머릿속이 가득 차 있었거든요. 교수님을 뵙자마자 제가 지금 공부를 못 하면 저희 집 애기들 다 죽는다고 부탁에 부탁을 한 끝에 겨우 1년 동안 청강을 허락받았죠."

그리고 약속한 1년이 지난 후에는 정식으로 흑염소 마이스터 과정을 밟기 시작했다. 덕분에 흑염소들은 시간이 지날수록 빠르게 건강해졌다. 허약한 녀석들을 자신의 방에서 돌보며 키운 정성에, 마이스터 과정을 통한 전문적 지식이 더해진 덕분이었다. 그리고 폐사율 3%를 기록하기에 이르렀다. 놀라운 성과였다.

그런데 그렇게 금지옥엽처럼 키워 마침내 출사 시기를 맞이한 흑염소들에게 조혜진 대표가 예상한 것보다 훨씬 낮은 가격이 책정됐다. 그동안 먹인 사료 값도 나오지 않게 생겼으니, 당장 내야 할 은행 이자 생각에 앞이 막막해질 수밖에 없었다.

살기 위해 칼을 잡은 그녀

농업의 가장 큰 숙제는 부가가치를 높이는 일이다. 작물이나 가축을 훌륭하게 키우는 데에도 상당한 전문적 지식이 필요하지만, 그것만으로는 충분한 부가가치를 기대하기가 힘들다. 많은 경우 원물을 가공함으로써 생활을 영위할 수 있을 수준의 수익이 발생한다. 하지만 가공에도 일정 수준 이상의 경험과 기술이 필요하다. 무엇보다 시장이 원하는 상품을 만드는 것이 중요하다.

"흑염소는 거의 대부분 진액을 만드는 데에 사용되고 있어요. 아무래도 약용 성격이 강한 가축이니까요. 실제 성분도 그러하고요. 그런 진액을 만들기 위해서는 다양한 준비가 필요하다는 것이 제게는 큰 문제였죠."

직접 흑염소 진액을 생산하기로 마음먹은 조혜진 대표는 도축장에서 규정에 맞춰 도축한 흑염소를 직접 발골하기 시작했다. 비록 이미 도축이 끝난 상태라 하더라도, 아프면 아픈 대로 건강하면 건강한 대로 애지중지 키워온 흑염소에 직접 칼을 넣는 일은 결코 쉽지 않았다. 게다가 발골에 대해 배울 곳이 마땅치 않았기에 책에 의지해 칼이 나아갈 길을 더듬어야 했다.

"그렇게 제가 키운 흑염소들을 샅샅이 살피다 보니 건강상태에 대해 더 자세히 알 수 있게 됐어요. 겉에서 볼 때는 몰랐던 근골격계와 소화기관의 상태를 생생하게 확인할 수 있었으니까요. 덕분에 많은 공부가 됐죠."

하지만 흑염소 진액에 필요한 것이 좋은 흑염소뿐만은 아니다. 궁합이 맞는 약재를 더함으로써 흑염소 진액의 약리적 효과가 완성된다. 다행히 지인의 소개로 실력 좋은 한의사의 조언을 얻을 수 있었고 덕분에 독자적인 레시피를 완성했다. 이제 남은 고비는 홍보와 판매였다. 그에게, 아니 모든 농업인에게 가장 어려운 부분이었다.

자존감을 거름 삼아 꿈을 키우던 순간들

조혜진 대표는 한때 잘 나가던 여성 구두 전문 쇼핑몰을 운영했다. 그래서 제품과 패키지 디자인에 대한 욕심이 클 수밖에 없었지만, 그의 손에 쥐어진 물질적 여유는 그다지 많지 않았다. 아니, 전혀 없었다. 약재를 다르게 사용한 여성용과 남성용 두 가지 제품을 출시했지만, 패키지를 따로 제작할 여력이 없었기에 수작업으로 스티커를 붙여 용도를 구분했다.

비록 겉모습은 평범해 보이지만 그 내용물만은 자신 있던 제품을 판매하기 위해 시장으로 나섰을 때 그를 기다리던 것은 25평짜리 임대 공장 한구석에서는 느끼지 못했던 자괴감이었다.

"중장년층을 대상으로 하는 제품이기에 공신력이 있는 공공기관과 연계하는 직거래 장터나 박람회 같은 행사에 참여하는 것이 중요하다고 생각했어요. 다행히 예상대로 제가 타깃으로 삼은 잠재 소비자들이 많긴 했지만, 처음 보는 제품에 관심을 가져주는 분을 만나는 것은 결코 쉽지 않은 일이었죠."

그래서 조혜진 대표는 사람들로 북적이는 행사장에서 하루종일 한마디도 하지 못한 채 되돌아오는 날도 적지 않았다고 한다. 남들은 쉴 새 없이 계산하고 포장하느라 식사할 시간도 없는데, 가만히 서서 허공을 응시해야 하는 상황이 너무나도 괴로웠다는 것이 조혜진 대표의 회상이다. 지금까지 살아오면서 그때만큼 자존감이 떨어지던 때는 없었다며 웃는 그의 얼굴에는 여전히 지워지지 않는 상처 같은 그늘이 남아 있을 정도였다.

"그나마 농업기술센터에서 비용을 보조해준 덕분에 판촉행사에 꾸준히 참가할 수 있었지만, 수익이 나지 않는 일을 계속해야 하나 고민도 많이 됐어요. 이렇게 밖에 있는 시간에 흑염소를 한 번 더 돌보고 설비라도 한 번 더 점검하는 것이 낫지 않을까 싶었던 거죠. 그래서 부산에서 열리는 행사를 마지막으로 더 이상은 직접 판촉을 하지 않겠다고 마음을 먹었어요."

그런데 행사를 앞둔 어느 날, 방송국으로부터 전화를 받았다. 조혜진 대표가 판매할 예정인 흑염소 불고기를 촬영하고 싶다는 내용이었다. 행사 참가 업체 명단과 판매 제품들 중 '그림'이 되겠다 싶은 아이템으로 선정된 것이었다. 중장년층의 시청률이 높은 프로그램에 소개된 흑염소 불고기는 며칠 동안 새벽 1시까지 주문 전화가 밀려들 정도였다고 한다.

진액과는 조금 거리가 먼 흑염소 불고기였지만, 덕분에 조혜진 대표의 얼굴과 그의 흑염소는 사람들의 눈과 입을 사로잡았다. 흑염소 불고기에 크게 만족한 고객들이 '당연히 있을 수밖에 없는' 흑염소 진액도 주문하기 시작했다. 그제야 진심을 듬뿍 담은 그의 제품이 널리 알려지게 됐다. 이와 더불어 사업도 조금씩 안정되기 시작했다. 마지막이라고 생각했던 행사가 결국 그에게 더할 수 없이 큰 활로를 열어준 셈이었다. 농장과 공장에서 사육과 생산에만 몰두했다면 결코 찾을 수 없는 길이기도 했다.

성장을 바란다면 경영을 선택하라

조혜진 대표의 대길농업회사법인은 현재 총 11명의 직원이 상시 근무 중이다.

"흑염소 진액에 대한 입소문이 퍼지면서 단골이 늘어나다 보니 부모님의 힘을 빌어 제품을 생산하고 포장하고 발송하는 데 한계가 느껴지기 시작했어요. 그래서 계산을 해봤죠. 필요한 인력을 고용하게 되면 얼마만큼의 지출이 늘어나게 될지. 아무리 보수적으로 잡아도 고정비용이 다섯 배는 커지더라고요."

조혜진 대표가 이와 같은 고민을 하던 시점의 매출액은 3억 원 정도였다고 한다. 직원을 고용하는 데 부담을 느낄 수밖에 없던 상황이었지만, 더 큰 가능성으로 향하는 길을 선택했다. 그리고 그 선택은 2024년 상반기 현재, 더 없이 옳은 것이었음을 매 순간 확인하고 있다고 한다.

“생산, 판매, 관리 등 각 부문별로 업무가 세분화되다 보니 어느 순간 금세 체계가 잡히고 품질도 훨씬 높아졌어요. 저 혼자 모든 것을 처리할 때는 체력에 부치는 순간들이 많았고, 그럴 때면 놓치거나 대충 넘기던 일들도 없진 않았거든요. 하지만 지금은 각자 맡은 역할에 충실한 직원들 덕분에 모든 일이 계획대로 진행되고 있어요.”

매출도 7억 원으로 늘어났다. 체계적인 생산 시스템을 확인한 대형 업체들로부터 7개 제품에 대한 OEM 생산도 진행되고 있다. 덕분에 경영 안정성은 한층 높아졌다. 물론 자체적으로 생산하는 제품의 수요도 꾸준히 증가 중이다. 하지만 조혜진 대표가 성취하길 바라는 목표는 더 앞에 있었다. ‘식품으로서의 흑염소’의 가능성을 입증하는 것이 그의 궁극적인 목표였다.

“젊은 소비자들에게 흑염소는 생경함을 넘어서 기피 대상이에요. 약으로 먹는다거나 특유의 향이 있어 호불호가 강하게 갈린다는 선입견 때문이죠. 하지만 실제 흑염소 불고기나 장조림 등의 제품으로 시식행사를 진행하면 소고기냐고 묻는 분들이 많아요. 그런 분들이 방금 먹은 고기가 흑염소라는 사실을 알면 놀란 얼굴이 되는 경우가 많고요.”

조혜진 대표는 그 누구도 시도하지 않았던 흑염소 고기 밀키트를 제작해서 판매하고 있다. 불고기와 소금구이, 무뼈갈비찜, 육수 등이 그것이다. 더 많은 소비자들이 더 많은 경로를 통해 더 좋은 흑염소를 경험할 수 있도록 만드는 것이 그의 목표이기 때문이다.

"하지만 직원들은 제 생각에 공감하지 않는 것이 사실이에요. 아무래도 매출 비중이 굉장히 낮거든요. 전체 생산량 중 2~3%밖에 되지 않아요. 그래서 밀키트 제작은 저 혼자 담당하고 있고요."

그럼에도 그는 자신의 선택에 확신을 갖고 있었다. 실제로 밀키트를 갖고 참가하는 행사에는 단골 고객들이 몰려들어 첫날 재고가 모두 소진된다고 한다. 선입견이라는 벽만 넘으면 상상하는 것보다 더 큰 사랑을 받게 될 것이라는 근거이기도 했다.

"제가 없어도 생산과 홍보에 차질이 없어지는 때가 오면 현재 축사가 있는 곳을 치유 목장으로 새롭게 단장하고 싶어요. 푸른 초원에서 풀을 뜯는 흑염소들과 함께 목가적인 풍경 속에서 하루를 보낼 수 있는 곳으로요."

더 넓은 목초지 조성은 물론 분변을 활용한 난방 시스템 구축 등 이미 다양한 계획을 세우고 있는 조혜진 대표. '나밖에 할 사람이 없어서' 시작한 일이 어느 틈엔가 조혜진 대표밖에 할 수 없는 일이 되어가고 있었다.

〈대길농업회사법인〉 키워드

1. **독특한 아이템 기획, 고품질 제품 직접 가공이 경쟁력 :** 농업과 농촌 관련 정책 대부분은 농업 생산물을 가공함으로써 부가가치를 높이는 데 초점이 맞춰져 있다. 대한민국이 본격적인 산업화에 접어들며 시작된 정책이기에 상당히 유서 깊은 흐름이라고 할 수 있다. 하지만 실제로 유의미한 성과를 만들어낸 사례는 그리 많지 않다. 완성도 높은 제품을 만드는 것도 그러하거니와, 일선 농가에서 재배하고 있는 작물들의 종류가 한정된 것처럼 그로부터 파생되는 가공품 역시 큰 차별성을 갖기가 어렵기 때문이다. 그렇기에 품질을 높이거나 독특한 아이템을 기획해야 한다. 물론 두 가지 모두 결코 쉽지 않은 일이지만, 품질 향상을 목표로 하는 쪽의 성공 확률이 조금 더 높다는 것이 일선 농업인들의 공통된 조언이다.

2. **지속적인 학습은 기본 중 기본 :** 어떤 일이든 공부가 필요하다. 환경은 시시각각 변하고 있고 그에 대응하기 위한 최선의 방법 역시 변화할 수밖에 없다. 실제로 다양한 취재 중 만났던 국내 최고의 딸기 재배 전문가는 매년 일본 연수를 통해 새로운 정보를 갱신하기를 게을리 하지 않고 있었다. 자신이 기르고 있는 작물은 어떤 상황에서도 온전히 혼자 책임질 수 있어야 한다는 신념 때문이었다. 비단 딸기에만 국한된 이야기는 아니다. 살아 있는 대부분의 작물과 가축에게 빠르게 변화하는 환경은 그 자체가 커다란 위협이 된다는 사실을 항상 염두에 두어야 한다. 새로운 환경은 새로운 질병을 유발하기 마련이고, 이때 무엇보다 중요한 점은 최신 정보에 기반한 과학적 대응이다. 그 어느 분야보다 농업인에게 지속적인 학습이 필요한 이유이기도 하다.

3. **홍보, 혼자 감당하기 힘들다면 위탁도 방법 :** 그 제품이 유일무이하지 않다면, 홍보는 판매에 있어 절대적으로 중요한 요소다. 그래서 전문적 분야이기도 한 홍보는 재배나 사육을 전문으로 하는 농업인들에게 가장 높은 장벽이기도 하다. 온라인 마켓이 대세라고 하지만 워낙 경쟁이 치열한 곳이기에 어지간한 자금력으로는 홍보 효과를 기대하기 힘들다. 아울러 모든 제품이 온라인 홍보에 어울리는 것 역시 아니다. 물론 홍보와 판매를 반드시 직접 책임져야 하는 것은 아니다. 상황에 따라서는 자신이 제조한 가공품을 온라인 전문 판매자에게 위탁하는 것도 한 가지 방법이다. 다만 중요한 것은 자신이 생산하는 제품의 특징과 그 특징이 영향력을 발휘할 고객을 명확하게

설정해야 한다는 점이다. 모두에게 좋은 제품은 모두에게 외면당할 수도 있다는 점을 반드시 기억하자.

〈대길농업회사법인〉 생생 취재 후기

– 염소와 산양 등 소형 우제목 동물들은 어딘지 모르게 낭만적인 감상을 떠오르게 한다. 조혜진 대표 역시 마찬가지였다. 상대적으로 다루기 쉽고 분변 처리도 간단한 편이기에 '작은 공방을 운영하면서 흑염소를 기르겠다'라는 상상이 가능했다. 물론 현실은 상상과 전혀 다르다는 사실을 깨닫는 데 오랜 시간이 걸리지 않았지만, 현실적 문제를 해결하기 위해 조혜진 대표처럼 빠르게 움직이는 사례는 의외로 많지 않다. 내가 알고 있는 많은 수의 귀농 혹은 창농 실패 사례는 예상과 다른 상황에서 적절한 대응 방안의 부재가 가장 큰 원인이었다. 어쩌면 농업과 농촌을 너무 쉽게 생각했기 때문일 수도 있다.

– 인터뷰를 진행하는 동안 조혜진 대표가 몇 번이나 강조한 부분은 '농업은 결코 쉽지 않다'라는 점이었다. 그리고 그와 함께 강조한 점은 '다른 분야라고 해서 이만큼의 노력을 하지 않는 곳은 없을 것'이라는 사실이었다. 생계를 위한 모든 일은 '쉽지 않다'라는 공통점을 갖고 있고, 그래서 항상 새로운 정보를 받아들이며 유연하고 신속하게 대처하기 위한 노력을 잊지 말아야 한다고 힘주어 말했다. 주위의 귀농인들로부터 "될 수 있으면 수익성 높은 작물을 추천해달라"라는 부탁을 많이 받았기에 더욱 강조하고 싶은 말이라는 부연도 잊지 않았다. 참고로 조혜진 대표가 귀농 첫 해에 그나마 수익성이 좋다고 알려진 고사리를 열심히 꺾어 벌어들인 수익은 40만 원도 채 되지 않았다고 한다.

– 운칠기삼이라는 말은 때때로 허무하게 들리기도 한다. 아무리 노력해봤자 운이 없으면 빛을 보지 못한다는 의미로 다가오기 때문이다. 그런데 틀린 말이라고 하기도 어렵다. 제품이 아무리 좋다고 한들 어떤 계기를 통해 널리 알려지지 않는다면 결국 소비자의 선택을 받지 못하기 때문이다. 다만 그 '어떤 계기'가 언제 올지는 아무도 모른다. 버티고 또 버티는 수밖에는 방법이 없다. 사실 농업 혹은 제조업에만 국한된 이야기가 아니다. 예상할 수 없었던 위기

가 찾아오는 것처럼, 전혀 뜻밖의 기회가 손을 내밀기도 한다. "강한 놈이 오래 가는 것이 아니라 오래 가는 놈이 강한 놈"이라는 말에 많은 이들이 공감하는 이유일지도 모르겠다.

– 농업뿐 아니라 많은 분야의 회사들은 규모를 키우는 시점에서 상당히 고민하기 마련이다. 특히 그 시점까지 혼자 힘으로 성장시킨 이들은 더더욱 그러하다. 내가 하는 것처럼 신경 써서 일을 처리할 수 있을지, 그런 사람에게 꼬박꼬박 합당한 대가를 지불할 수 있을지, 그렇지 못할 경우에는 어떻게 대처해야 할지 등 다양한 가능성을 두고 다각도로 고민해야 하기 때문이다. 혼자만의 힘으로 생산과 판매를 모두 관리할 수 없는 상황이었던 조혜진 대표는 다행스럽게도 옳은 선택을 했고, 더더욱 다행스럽게도 좋은 사람들이 함께하고 있어 더 큰 성장의 발판을 만들어가고 있는 중이다. 공장 역시 더 세심한 관리가 가능하도록 구획을 나눌 수 있는 넓은 곳으로 이전했다. 다만 이와 같은 변화는 오랫동안 보이지 않는 준비가 있었기에 긍정적 결과를 낳을 수 있었다. 조혜진 대표는 필요한 생산 설비와 인력, 새로운 공간 등을 항상 염두에 두고 있었다.

바다도 스마트해질 수 있다고 믿습니다

블루오션영어조합법인

출처 : 저자 제공

데이터 기반 경영, 바다에서도 가능할까?

모든 시골이 농사를 짓고 있는 것은 아니다. 대한민국 국토의 삼면은 바다니까. 재미있는 것은 그 세 바다가 모두 제각기 다른 특성을 갖고 있기에 바다와 접하고 있는 지역들도 저마다 다른 모습을 하고 있다는 점이다. 그리고 내가 살고 있는 통영 바다는 다양한 양식장들이 가득하다.

통영에서 생산되는 해산물 중 가장 대표적인 것은 굴이다. 전국 생산량의 2/3 이상이 통영에서 자란 것일 정도다. 그래서 늦가을부터 통영 곳곳에서는 지금 막 바다에서 끌어올린 굴을 싣고 다니는 트럭들을 어렵지 않게 만날 수 있다.

굴 시즌이 끝나면 이번엔 멍게들 차례다. 3월이 되어 통영 운하가 보이는 충무교 위에 서 있으면, 작은 배들이 멍게가 잔뜩 매달린 양식용 밧줄을 끌고 이동하는 것을 볼 수 있다. 그 모습이 마치 바닷속의 꽃다발을 옮기는 것 같아 넋을 잃고 보게 된다.

섬 여행을 떠나는 길에 만나게 되는 어류 양식장들도 마찬가지다. 부표만 띄워놓은 굴이나 멍게와 달리 어류 양식장은 사람이 오갈 수 있는 최소한의 시설물들이 설치되기 마련인데, 거기에 앉아 있는 바닷새들의 모습이 점점 멀어지는 것을 바라보고 있노라면 문득 몽롱해지는 경험을 하기도 한다.

하지만 바다에서의 일들은 풍경처럼 낭만적일 수가 없다. 지구상에서 가장 가혹한 환경이 바로 바다니까. 무자비한 직사광선과 그 직사광선을 반사하는 수면은 그 어느 곳보다 풍부한 햇볕을 공급한다. 덕분에 제아무리 단단한 무기물이라 해도 금세 부식되기 마련이다.

소금기는 또 어떤가. 바닷가에서 오랫동안 생활해본 사람은 알 것이다. 녹이 슬지 않는 재질이라는 뜻의 '스테인레스'도 사실 바다에서는 녹이 슨다. 물속의 염분은 어떻게든 스며들어 금속을 망가뜨린다.

게다가 바닷속에서 일어나는 일들은 전혀 예상할 수도 없고 설령 예상한다고 해도 사람의 힘으로 변화를 늦추거나 막을 수도 없다. "우주 탐험보다 심해 탐험이 더 위험하다"라는 이야기가 설득력을 얻는 이유이기도 하다.

문제는 그런 바다로부터 적지 않은 식재료를 얻고 있다는 데에 있다. 특히 대한민국은 더욱 그러하다. 1인당 수산물 소비량이 세계 최고인 곳이 바로 이곳, 대한민국이다. 어패류는 물론 해조류까지 바다에서 나는 것들은 거의 다 먹는다고 해도 과언이 아니다.

수요가 많은 품목은 당연히 양식을 진행 중이다. 그리고 통영은 그런 양식장들이 그 어느 곳보다 많다. 수질이 좋으면서도 섬이 워낙 많아 파도가 거의 없는 바다이기 때문에 상대적으로 안정적인 양식이 가능하다. 하지만 어디까지나 상대적이다. 앞서 설명한 것처럼, 바다는 그 어떤 환경과 비교해도 열악하다. 그리고 양식은 그 열악한 환경에서 이루어지고 있다. 당연히 어민들은 고된 하루를 보낼 수밖에 없다. 많은 것들이 자동화되고 있는 농업과는 전혀 다른 모습이다.

그런데 얼마 전부터 이러한 어업 분야에도 변화가 생기기 시작했다. 내가 살고 있는 통영에서부터 말이다.

부산 사나이도 모르던, 전혀 새로운 바다

"부산에서 나고 자라 학부, 대학원 생활도 부산에서 하고 있었어요. 3D 영상 관련 전공이었는데, 학교에서 연구만 하다 보니 과연 이 길이 맞는 것인가 회의를 느끼던 시기에 선배인 조석현 대표로부터 꼬심을 당했습니다. 통영에 있으니 한번 오라고요."

번아웃 상황이었던 김태현 이사에게 조석현 대표는 통영 바다를 보여줬다. 파도라고는 찾아볼 수 없는 잔잔한 바다. 그 위에 평화롭게 떠 있는 각종 부표들. 김태현 이사의 호기심을 자극한 것은 그 부표 아래에서 자라고 있는 생명들이었다.

"그때서야 알게 됐던 거죠. 제가 부산에서 먹었던 다양한 수산물 대부분이 이곳 통영에서 생산됐다는 것을. 그 전까지는 다 부산 앞바다에서 잡아오는 것이라고 생각했거든요. 바다에 파도가 없는 것도 신기했지만, 파도가 없으니 이렇게 양식을 할 수 있다는 사실이 더 신기했습니다."

김태현 이사는 아버지의 은퇴와 함께 통영에 정착하기로 한 조석현 대표와 새로운 일을 시작하기로 합심했다. 그래서 학교를 그만두고 2016년 3월 1일 통영의 작은 어촌마을로 전입신고를 마쳤다. 물론 이때까지도 바다에서의 사업에 대한 구상은 아직 막연한 단계였다. 하지만 그 비전에 대해서는 의심하지 않았다.

"한국 사람이 존재하는 한 수산물은 지속적으로 소비될 테니까요. 특히 잡는 어업에서 기르는 어업으로 빠르게 전환되는 추세를 여러 곳에서 확인할 수 있었기 때문에 어업, 그중에서도 양식 어업의 전망은 확실히

밝다고 생각했습니다."

실제로 지난 2023년 UN식량기구의 발표에 따르면 양식 수산물이 잡아온 수산물보다 많아졌음을 확인할 수 있다. 김태현 이사의 예측보다 변화가 더 빠르게 진행되고 있는 셈이다. 그런 변화에 동참하기 위해서는 해당 분야에 대한 경험과 지식을 쌓아야 했다. 가장 빠르고 정확한 방법은 한 가지였다. 마을 사람들의 가르침을 받는 것.

"어장은 물론이고 바다나 해양생물에 대해서는 아는 것이 하나도 없으니 무엇이든 배워야 했어요. 그러기 위해서는 동네 형님들께 도움을 받을 수밖에 없었고요. 물론 바닷가에서 일하시는 분들은 거친 것이 사실입니다. 목소리도 크고, 말도 짧아요. 그러니 그런 분위기를 처음 접하게 되면 낯설고 무서울 수밖에 없죠."

그런 '살벌한 분위기'가 조성되는 데는 이유가 있다. 바다는 그 어느 곳보다 위험한 작업 현장이다. 방심하면 곧바로 심각한 안전사고와 직결될 수밖에 없다. 배를 타고 작업할 경우, 자동차와 달리 어떤 방음 장치도 없이 노출되어 있는 선박의 엔진은 배 안을 온통 기계음으로 가득 채운다. 그런 와중에 작업 지시를 하려면 목소리를 크게 내는 것 말고는 방법이 없다.

"그런데 겉으로는 그렇게 거칠어 보이는 분들이 실제로 마음을 열면 그렇게 든든할 수가 없어요. 어려운 일이 있으면 언제든 발 벗고 도와주시기도 하고요."

물론 그 마음을 열기까지의 과정은 그리 간단하지 않다. 정착하려는 계획이 진심임을 보여줘야 할뿐더러, 함께해야 하는 일에는 누구보다 먼저 나서야 한다. 김태현 이사와 조석현 대표는 그런 시간들을 보냈다. 그리고 2017년 6월, 블루오션영어협동조합법인 등록을 완료했다.

귀어학교 1기 교육생, 바다로 나서다

블루오션영어협동조합이 설립된 지 만 1년이 되던 2018년 6월, 통영에는 전국 최초의 귀어학교가 설립됐다. 귀농과 관련된 교육기관들이 이미 2000년대 초반부터 운영되기 시작한 것과 비교하면 상당히 늦은 감이 없지 않았다. 하지만 그때라도 생긴 것이 다행이었다. 김태현 이사는 경남 귀어학교 1기 교육생으로서 이론과 실습이 각 4주로 구성된 총 8주 교육에 참가했다.

"해양, 어업과 관련된 교수님들이 수산업 전체에 대한 강의를 진행하셨어요. 덕분에 국내 수산업이 어떤 구조로 이루어져 있는지 개론 수준의 지식을 쌓을 수 있었죠. 물론 공부해야 할 부분들이 많았지만 새로운 정보를 얻는다고 생각하니 크게 힘들지는 않았고요. 정말 힘든 것은 실습이었죠."

실습은 어촌마을에서 진행됐다. 김태현 이사는 그가 생활하는 마을의 가두리 양식장을 실습현장으로 삼아 양식에 대한 본격적인 지식을 쌓기 시작했다. 당시만 해도 출렁이는 양식장 위에 서 있는 것도 힘들었다고 한다.

하지만 그나마 양식장은 편한 환경이었다고 한다. 어선을 타고 바다로 나가야 했던 교육생들은 새벽 서너 시에 출항해서 저녁이 가까워 돌아오는 일상에 익숙해져야 했다. 돌아온다고 해서 일이 끝나는 것은 아니었다. 만선으로 돌아오는 경우는 손에 꼽을 정도로 적었을 뿐더러, 고기를 얼마나 잡든 귀항 후에는 그물이나 통발 같은 어구 정리가 이어졌기에 실습생들은 예상보다 훨씬 고단한 하루하루에 혀를 내둘렀다고 한다. 덕분에 어촌에서의 생활이, 고기잡이로 생계를 이어가는 것이 어떤 것인지 깊이 체험할 수 있었다. 당연히 중도 이탈하려는 교육생도 있었다.

김태현 이사가 귀어학교 교육을 수료한 후, 블루오션영어협동조합법인은 본격적인 활동에 돌입했다. 가장 먼저 시작한 것은 양식장에 카메라를 설치하는 일이었다.

"비록 육지와 가까운 곳에 설치되어 있다고 해도, 양식장은 단절된 공간이에요. 그래서 물고기의 상태를 살피거나 사료를 주기 위해서는 항상 배를 타고 이동해야 하기 때문에 왔다 갔다 하는 일이 여간 번거롭지 않지요. 기름도 소모되고요. 그런 불편함을 개선하기 위해서는 육지에서도 물고기의 상태를 확인할 수 있는 시스템을 구축해야 했습니다."

기술의 발달 덕분에 이런 부분에 대한 솔루션을 직접 구축할 수 있었다. 무엇보다 조석현 대표가 기계공학 전공자였기에 가능한 일이었다. 다양한 용도의 광학기기 중 수중에서 사용할 수 있는 것들을 선택했고, 그 작은 수중 카메라와 컨트롤러는 태양광 발전을 통해 얻은 전력으로 운용했다. 실시간 데이터는 와이파이 기반 원거리 통신으로 2km가량의 거리를 뛰어넘어 전송됐다. 사무실에 앉아서 모니터를 통해 양식장 물고기들의 상태를 확인할 수 있는 시스템이 완성됐다.

"그런 통신 시스템이 구축되니 사료 급이 기계도 제어할 수 있지 않을까 생각했었어요. 양식장에 가는 가장 큰 이유는 사료를 주기 위해서인데 그걸 기계로 대체한다면 관리가 훨씬 수월해질 것이라 생각했던 거죠."

김태현 이사의 설명에 따르면, 원리는 간단했다. 시간에 맞춰 자동으로 사료를 뿌려주는 기계는 이미 시중에서 판매되고 있으니, 거기에 신호 수신부와 제어부를 부착해서 원격 제어가 가능하도록 만든다는 것. 그런데 이미 시간에 맞춰 자동으로 사료를 뿌리는 기계가 있음에도 왜 굳이 그런 기능을 추가할 생각을 하게 됐을까?

"물고기는 보통 언제 사료를 급이할까요? 일반적으로는 사람처럼 하루 세 끼를 주고 있어요. 하지만 논문에 따르면 물고기들이 배가 고플 때마다 수시로 사료를 주는 게 성장에 더 큰 도움이 된다고 합니다. 그래서 사무실에서 수시로 급이 버튼을 눌러 사료를 뿌리는 방식을 채택하려 했던 거죠."

김태현 이사는 "대부분의 양식장에서 사용하는 생사료 대신 배합사료를 급이하는 것도 큰 차이점"이라고 했다. 생사료는 고등어나 청어를 냉동시킨 후 분쇄한 것을, 배합사료는 개나 고양이용으로 나오는 것을 떠올리면 된다는 설명도 이어졌다.

"양식업에 종사하는 어민들은 배합사료에 대한 신뢰가 낮아요. 물고기들의 몸통이 두툼해지지 않는다는 것이죠. 하지만 정부에서는 배합사료 사용을 적극 권장하고 있습니다."

생사료는 상품성이 떨어지는 작은 고등어나 청어로 만든다. 생사료에 대한 수요가 늘어나면 남획으로 인한 어족자원 고갈이라는 문제와 직결될 수밖에 없다. 아울러 유통과 보관 시 변질이 쉬워 양식장의 물고기들의 건강에 심각한 영향을 미칠 수 있다. 그럼에도 어민들은 지금까지의 관성을 쉽게 벗어나지 못 하고 있던 상황이었다.

"생사료의 또 한 가지 문제는 낭비가 심하다는 점입니다. 보통 전체 급이 사료 중 최대 40%는 바다 아래로 가라앉아 버린다는 연구결과가 있는데, 사료는 사료대로 낭비하고 바다는 바다대로 오염되는 셈인 거죠."

그래서 적당량의 배합사료를 자주 주는 것이 훨씬 더 효율적이라는 결론에 도달하게 됐다는 것이 김태현 이사의 설명이다. 배합사료의 단가가 더 높음에도 불구하고 말이다. 이렇게 배합사료를 기반으로 한 원격 관리 시스템의 완성도를 높이는 와중에 AI와 관련된 기술이 예상보다 빠르게 발달하기 시작했다. 김태현 이사와 조석현 대표도 그 변화에 민감하게 반응했다.

"최종적으로 구축한 시스템은 스마트폰을 이용해서 어디서나 양식장의 물고기들 상태를 확인하며 터치 한 번으로 사료를 급이할 수 있는 방식이었습니다. 그런데 AI를 활용할 수 있게 되자 그런 작업도 사람이 손을 댈 필요가 없어졌어요. 오히려 더 정확하고 효율적으로 진화했죠."

AI에 대한 공부를 시작한 김태현 이사는 오랜 시간을 두고 쌓아놓은 데이터들이 AI의 판단 근거가 된다는 사실을 깨달았다. 그래서 그동안 모아놓은 물고기들의 영상을 모두 꺼내 배가 고플 때, 배가 부를 때, 안정적일 때 등 기준에 맞춰 분류해 7초 단위로 잘게 쪼개기 시작했다. 그리고 AI에게 그 영상들을 학습시켰다. 영상과 관련된 연구를 진행했던 그의 경력이 큰 도움이 되던 순간이기도 했다.

"그러자 AI는 자신이 학습한 데이터를 통해 물고기들이 어떤 상태인지 스스로 판단하기 시작했습니다. 덕분에 사람의 개입 없이도 양식장은 최고 효율로 운영되기 시작했고요."

하지만 양식장에서 필요로 하는 일이 비단 사료 급이에만 국한된 것은 아니다.

더 다양한, 더 깊은 양식의 세계로

현재 블루오션영어조합법인의 시스템을 도입해서 운영하고 있는 양식장은 지역 내 네 개소다. 사료 급이기뿐 아니라 그물 세척기와 어류 선별기도 시험 운용 중이다.

"양식장의 물고기들은 모두 그 크기가 다른데, 큰 녀석들 틈에 작은 고기가 있으면 먹이 경쟁에서 밀려 점점 도태됩니다. 그런 녀석들은 따로 모아 급이를 해야 하죠. 그런데 이 과정이 모두 사람의 손에 의해 진행됐어요."

김태현 이사는 "그래서 마을 어머니들의 손저울이 정말 중요한 요소"라며 웃었다. 어장주가 뜰채로 물고기를 퍼올리면, 옆에서 대기하고 있던 마을 주민들이 눈과 손으로 크기와 무게를 짐작해서 분류했다는 것이다. 하지만 급격히 고령화되고 있는 지금의 어촌에서는 지속가능성을 담보할 수 없는 작업방식이었고, 속도와 정확성도 일정치 않았다. 해외에서는 이미 피쉬펌프라는 기계를 이용해서 몸통 두께에 따라, 마치 과일이 자동

선별되듯 물고기들이 자동으로 선별되고 있다. 국내 어업의 자동화 진척 수준이 어느 정도인지 가늠할 수 있는 단면이기도 하다.

"피쉬펌프를 이용하게 되면 단순히 분류만 빨라지는 것이 아닙니다. 피쉬펌프에는 센서가 달려 있어 총 몇 마리의 물고기를 키우고 있는지 정확히 파악할 수 있다는 장점도 있죠. 현재 절대 다수의 양식 현장에서는 무게를 통해 마릿수를 어림짐작하고 있습니다."

자신이 가진 자산을 정확히 수치화하는 것으로부터 경영은 시작된다. 즉, 대부분의 양식장은 제대로 된 경영이 이루어지지 않고 있는 상황이라는 의미였다. 피쉬펌프 역시, 이미 몇몇 어장에서 도입해놓은 상황이었지만 제대로 운용하고 있는 현장은 국내에 전무했다는 것이 김태현 이사의 설명이었다. 블루오션영어조합법인은 그러한 설비를 제대로 운영할 수 있는 솔루션도 제공하고 있었다.

"궁극적으로는 육지와 멀리 떨어진 외해에 스마트 양식 설비 기반의 대량생산 체제를 구축하는 것이 목표입니다. 국내 시장에서의 소비가 활발하기는 하지만 그 규모가 작다 보니 가격 변동성이 클 수밖에 없거든요."

김태현 이사는 "잘 키운 물고기들을 소비자가 원하는 형태로 가공한다면, 그리고 MSC[3)]와 ASC[4)]와 같은 인증을 받는다면 더 높은 부가가치를 창출할 수 있을 것"이라고 했다.

가공 과정에서 발생하는 각종 부산물을 다양하게 활용하는 방안에 대해서도 고민 중이라고 했다. 수산물부산물법이 통과되면서 어류뿐 아니라 굴 등 패류 6종에 대한 화장품 및 건강기능성식품 원료로의 활용도 가능해져 지금까지와는 다른 형태의 가공을 통해 부가가치를 기대할 수 있게 된 상황이다.

"저희 영어조합법인의 이름처럼 해양수산 분야는 여전히 블루오션이라고 생각합니다. 특히 나름의 노하우와 기술력을 갖고 있는 분들에게는 접목할 수 있는 분야가 무궁무진하고요. 일상적인 식재료뿐 아니라 이제 막 그 가치를 밝혀내고 있는 다양한 자원들이 바다에는 셀 수도 없이 많거든요."

기회가 있을 때마다 여러 행사에 참여해서 바다가 얼마나 매력적인지, 얼마나 큰 가능성을 품고 있는지 더 많은 사람들에게 알리기 위해 노력 중이라는 김태현 이사. 그가 바라보고 있는 바다는 언제나 그랬던 것처럼 내내 푸른빛이었다.

---

3) 국제비영리단체인 Marine Stewardship Council(해양관리협의회)에서 관리하는 인증제도로서 지속가능한 수산물 시장 창출을 목표로 하고 있다.

4) 국제비영리단체인 Aquaculture Stewardship Council(수산양식관리협의회)에서 관리하는 인증제도로서 책임 있는 수산 양식업에 대한 표준을 제시함으로써 환경적, 사회적 지속가능성 확대를 목표로 하고 있다.

〈블루오션영어조합법인〉 키워드

1. **특성 파악이 중요한 곳, 어촌 :** 도시에서 생활하는 이들에게 어촌은 어떤 느낌일까? 아마 정형화된 이미지 같은 것은 없을 가능성이 높다. 농촌보다는 미디어에 등장하는 횟수 자체가 적었으니까. 그래서 나 역시 통영으로 이사 왔을 당시, 낯선 어촌마을의 이곳저곳을 돌아보는 게 재미있었다. 그러다 보니 공통점을 발견하게 됐는데, 농촌보다 집들의 밀집도가 높다는 것이었다. 아무래도 접안 시설과 최대한 가까운 곳에 사람들이 모여 살다 보니 자연스럽게 형성된 구조가 아닐까 싶었다. 골목도 농촌마을의 그것보다 좁았다. 굳이 차가 드나들 이유가 없는 데다 마을의 면적 자체도 작았기 때문이다. 그런 이유로 마을 사람들의 사이도 상당히 좋아 보였다. 어쩌면 그 위험한 바다를 생업의 무대로 삼고 있다는 연대감 때문일지도 모를 일이었다. 그런 마을들이 이제는 빠르게 공동화되고 있다. 새로운 인구가 유입되지 않기 때문이다. 만약 귀어를 염두에 두고 있다면 당연히 그러하겠지만, 목표로 하고 있는 곳의 정주 여건을 반드시 꼼꼼하게 확인해야 한다.

2. **성장 가능성이 무궁무진한 스마트 양식 :** 스마트팜 보급이 일반화된 농업 현장과 달리 어업 현장은 여전히 많은 작업들이 사람에 의해 진행되고 있다. 이유는 크게 두 가지다. 직사광선, 습기, 염분 등 농업 현장보다 훨씬 가혹한 환경에서 센서와 카메라, 기계 등을 운용해야 하기 때문이고, 육지와 비교할 수 없이 거대한 변수가 존재하기 때문이다. 즉, 스마트팜 시스템을 채택함으로써 외부 변수를 최대한 차단할 수 있는 육지와 달리 바다의 변수는 인간의 힘으로는 결코 제어할 수 없는 성질의 것인 경우가 많다는 의미다. 하지만 블루오션영어조합에서는 바다의 변화를 실시간으로 확인할 수 있기에 환경 변화가 감지되면 그에 대한 신속한 대응을 통해 피해를 최소화할 수 있다고 한다. 막을 수는 없어도 피할 수 있는 시간을 스마트 양식 시스템을 통해 확보할 수 있다는 의미다.

3. **변화의 흐름에 합류하는 방법, 접목 :** 인간이 우주에 대해 아는 것보다 바다에 대해 아는 것이 더 적다는 이야기도 있다. 그만큼 바다는 여전히 많은 가능성의 영역이다. 단지 바다로부터 생산되는 먹거리에 국한된 이야기는 아니다. 기후변화 완화를 위한 전 지구적 노력은 EU를 중심으로 이루어지고 있는데, 그에 따른 투자가 많이 일어나고 있는 분야 중 한 곳이 바로 바

다다. 특히 해조류의 탄소포집 능력이 과학적으로 검증되면서 탄소배출권 거래에 있어 해조류에 대한 연구개발과 대규모 양식은 상당히 인기 있는 아이템 중 하나로 급부상했다. MSC와 ASC 인증처럼 수산물에 대한 엄격한 관리 기준이 국제적으로 적용되고 있는 부분 역시 눈여겨봐야 한다. 농산물에 무농약 혹은 친환경, GAP 인증이 이루어지는 것처럼 수산물에도 그동안의 관행과는 전혀 다른 방식으로 생산된 제품들이 주류를 이루게 될 텐데, 당연히 이에 관련된 검사 및 관리에 대한 수요가 늘어날 수밖에 없다. 사람을 구하는 일이 농업보다 더 힘들기에, 새로운 시스템을 도입하는 것은 어업 쪽이 더 빠를 수도 있다.

〈블루오션영어조합법인〉 취재 후기

- 블루오션영어조합법인의 존재에 대해서는 2020년쯤 처음 알게 됐다. 통영 내의 구인 정보들을 뒤적거리던 습관 덕분이었는데, 양식장 관련 근무자를 구한다는 공고를 낸 곳 치고는 이름이 상당히 특이하다는 생각에 공고 속에 안내된 회사의 홈페이지를 클릭했던 것이 첫 만남이었다. 홈페이지 대문이 영상으로, 그것도 힘차게 헤엄치고 있는 우럭과 도미의 영상으로 꾸며진 것을 보고 깜짝 놀랐던 기억이 아직도 생생하다. 회사소개와 서비스 분야를 보면서 "정말 이게 된다고?"라며 갸웃거렸던 기억도 여전하다. 그렇게 신기한 일을 하던 곳이 우리 집에서 자동차로 5분도 안 되는 거리에 있다는 사실이 무엇보다 신기했다.

- 현재 국내에서 스마트 양식 시스템으로 상업적 생산을 하고 있는 곳은 블루오션영어조합법인이 유일하다. 그러다 보니 전국적으로 많은 관심을 받고 있으며, 해양수산부의 우수사례로 꼽혀 다양한 행사에 참여하고 있다. 김태현 이사는 자문위원 등으로 위촉되어 정책 제안 등의 활동도 이어가고 있다. 이렇게 대외적인 활동을 많이 하는 이유는 국내 어업에 대한 관심을 환기하기 위해서였다. 도시 바깥을 '농어촌'으로 묶곤 하지만 실상 대부분의 지원은 농촌에 집중되어 있기 때문이다. 해양수산부가 집행하는 예산 대부분도 어업이 아닌 항만이나 교량 등 해양과 접해 있는 기반 시설과 관련된 부분에 몰려 있

다. 1인당 수산물 소비량 전 세계 1위라는 타이틀에 비추어 보자면, 국가적으로 어업과 관련된 관심이 상대적으로 적다고밖에 볼 수 없는 상황이다.

– 하지만 이런 상황에 곧 변화가 있을 것이라는 것이 김태현 이사의 관측이었다. 나 역시 동의하는 바였는데, ESG(친환경, 사회적 책임, 투명한 지배구조) 경영에 대한 국제적 요구가 상당히 거셀 뿐 아니라 곧 의무화를 앞두고 있기 때문이다. 이미 EU는 일정 규모 이상의 기업들을 대상으로 회계 공시에 ESG 항목을 의무적으로 추가하도록 강제한 상황이다. 어업 분야 역시 예외는 아니기 때문에 MSC, ASC 등의 국제인증이 더욱 중요해졌다. 미국이나 일본, 노르웨이 같은 선진국에서는 이미 1990년대 후반부터 지속가능한 어업활동을 위한 다양한 노력들이 시작된 바 있다. 하지만 지금의 한우에 적용되고 있는 것과 동일한 이력관리는 물론 어업인의 근로환경과 복지까지 인증 심사에 포함된다는 사실을 아는 사람은 국내에는 그리 많지 않다.

– 내가 이러한 변화에 대해 알게 된 것은 2020년도에 접어들면서였다. 농산물 수출과 관련된 중요한 이슈 중 하나였기 때문이다. 그럼에도 어업과 수산물 관련 뉴스 중 해당 내용이 업데이트되는 것을 본 기억이 없다. 아직 국내 수산물을 수출하기 위한 노력이 활발하지 않은 것이 가장 큰 이유가 아닐까 생각해본다. 하지만 농산물이 그러했듯 수산물 역시 빠르게 수출이 늘어날 것이다. 한국인의 밥상에서 감초 역할을 하던 김이 이토록 귀한 대접을 받을 것이라는 상상을 누가 했겠는가. 그러니 이런 변화에서 기회를 포착하는 이에게는 바다가 그 큰 품을 열어줄 것임에 틀림없다.

전문가에게 듣다 - "실패하지 않는 귀농을 위한 최소한의 방법은?"

귀농, 농사가 아니라 경영에의 도전입니다

(사)전라남도지역특화작목발전협회 조동호 이사

출처 : 저자 제공

새롭게 농업에 도전하는 이들에게는 모든 것이 낯설고 힘들 수밖에 없다. 그중에서도 가장 큰 어려움은 농사를 짓는 일이라고 생각하기 쉽지만, 오랫동안 농업 현장에서 수많은 농업인들의 고충을 해결해 온 전문가들은 한결같이 '농사보다 더 중요한 것 경영'이라는 점을 분명히 했다. 40년 이상 농업 현장에서 다양한 문제를 해결해온 조동호 이사에게 그 까닭을 물었다.

Q. 그동안 어떤 일을 해오셨는지 궁금합니다.

A. 1978년 영암군 농업지도소(지금의 농업기술센터)에서 지도원으로 공직생활을 시작했습니다. 1990년 연구직으로 전직한 후에는 농업경영 분야에서 공직생활을 이어왔지요. 2014년에는 농촌청년사업가 양성 프로젝트에 참여하기도 했습니다.

많은 것을 준비하지 못한 채 귀농한 청년들은 아무래도 정착과 사업 시행과정에서 어려움이 클 수밖에 없는데 그런 부분을 관리하는 한편, 아이디어 수준의 계획을 비즈니스 모델로 구체화해서 실천할 수 있도록 돕는 프로젝트였죠. 특히 경영성과를 분석하고 경영상 문제점을 해결하는 한편, 추가 지원을 통해 귀농 청년들의 성공적인 정착을 나름대로 열심히 도왔다고 자부합니다.

Q. 농업과 경영성과 분석의 조합은 낯설기도 한데요.

A. 농업도 수치를 통한 경영이 이루어져야 합니다. 제가 연구했던 농업경영이 바로 그런 목적을 갖고 있는 분야인데요, 정확한 생산비를 산출함으로써 경영이 시작된다고 할 수 있습니다. 어떤 산업 분야든 효율을 높이기 위한 가장 중요하고 손쉬운 요소는 생산원가를 절감하는 것입니다. 이 부분에 대해서는 뒤에서 더 자세하게 설명해드리도록 하겠습니다.

Q. (사)전라남도지역특화작목발전협회도 궁금합니다.

A. 지난 2020년 조직된 협회입니다. 전라남도농업기술원 소속으로 오랫동안 현장에서 다양한 솔루션을 제공해온 전문가들이 모여 있지요. 전라남도는 지역별로 유자, 커피, 무화과 등 특화작목을 지정해서 재배하고 있는데, 그 작목들의 경쟁력을 높이는 경영전략을 연구하고 있습니다.

Q. 전문 컨설턴트로서 현장에서 다양한 고충들을 접하실 텐데요. 실제 초보 농업인들이 가장 많이 범하는 실수는 무엇인가요?

A. 농업 현장에 대한 정보를 충분히 수집하지 않은 채 귀농하는 경우가 상당히 많습니다. 그러다 보니 투자 비용이 커지고 이에 대한 회수 기간이 길어질 수밖에 없지요. 사람을 구하는 일이 쉽지 않다는 사실을 염두에 두지 않아 낭패를 보는 경우도 부지기수고요. 재배 작목을 선택함에 있어 시장성보다는 개인 선호나 추천에 의지하다 보니 공급과잉 상황에서 판로를 찾지 못하는 경우도 많습니다. 농산물 유통 과정에 대한 고충을 겪은 후 가공으로 부가가치를 높이려 하지만 품질 및 고객 관리 역시 만만찮음을 나중에야 깨닫게 되는 농가들 역시 많지요. 이런 어려움을 함께 극복해보자는 의미로 영농조합법인을 만들지만, 성공확률은 10%도 되지 않습니다.

Q. 말씀하신 현상들이 나타나는 이유는 뭘까요?

A. 농업을 너무 쉽게 생각하기 때문이죠. 이는 기존 농가들 역시 마찬가지입니다. 변화하는 시장에 대응하지 못하면 결국 도태되기 마련이거든요. 새로운 기술을 적극 도입하는 한편 자신의 농작물을 브랜딩함으로써 차별점을 부각시키지 못하면 소비자들로부터 외면받을 수밖에 없습니다. 귀농인의 경우 집이나 창고, 가공 시설처럼 큰 규모의 투자에 많은 예산을 할애하는 사례가 적지 않습니다. 이럴 경우 여유자금이 모자라 상당한 어려움을 겪을 수 있다는 점을 명심해야 합니다. 아울러 농업은 변수가 많다는 점도 결코 잊지 말아야 하고요. 전 지구적 기후 변화가 바로 그런 사례입니다.

Q. 최근 현장에서 만나고 계시는 귀농인들의 공통점이 있나요?

A. 긍정적 변화가 자주 발견되고 있어요. 도시에서 사업 경험을 하신 분들이 귀농을 선택하는 경우가 많아지고 있는데, 이런 분들에게서 공통점이 발견됩니다. 농사를 육체노동으로 생각하지 않고 작물에 자신의 창의성과 경험을 바탕으로 한 마케팅 기법 및 비즈니스 노하우를 접목시키는 것이죠. 그런 분들은 농업과 관련된 교육에 상당한 열의를 갖고 계시기 때문에 재배기술과 농업경영 능력이 빠르게 성장할 수밖에 없고요. 성격에 따라서는 지역에 굉장히 빠르게 스며들어 원만한 인간관계를 형성

하는 분들도 다수 확인했습니다.

Q. 귀농귀촌을 바라지만 농사에 대한 막연한 두려움을 갖는 분들이 적지 않습니다. 농사를 염두에 두고 있다면 반드시 준비해야 할 것들에 대해 말씀을 부탁드립니다.

A. 무엇보다 꼼꼼하고 진정성 있는 사업계획서를 작성해야 합니다. 내가 왜 이 일을 하려는지 누가 봐도 납득할 수 있는 정도의 사업계획서를 작성함으로써 비전과 목표를 더 구체적으로 세울 수 있거든요. 그렇게 완성된 사업계획서를 각종 지원 공모전에 제출해보는 것도 좋은 경험이 될 것입니다.

사업계획서 못지않게 시장분석도 꼼꼼히 진행해야 합니다. 아울러 자신의 비전과 목표와 관련된 꾸준한 정보 검색을 통해 생산매뉴얼을 만들어 표준영농교본으로 삼는 것이 중요합니다. 생산과 가공, 체험을 진행할 계획을 세웠다면 모범적이라고 생각하는 제품이나 장소를 직접 체험하며 벤치마킹하는 것도 잊어서는 안 되겠죠.

실제 농업경영을 시작하게 되면 반드시 경영일지를 작성해야 합니다. 다만, 언제 무슨 일을 했다는 막연한 내용은 안 돼요. '어떤 작업을 어떤 자재를 사용해서 진행했으며 그것을 비용으로 계산하면 얼마다'라는 내용이 반드시 포함되어야 합니다. 굳이 노트에 볼펜으로 쓸 필요는 없어요. 블로그든 SNS든 편한 곳에 꾸준히 기록하면 됩니다.

궁금한 부분이나 해결하기 어려운 문제가 생겼을 때는 농업기술센터나 농업기술원 같은 관련 기관이나 연구소를 직접 방문해서 적극적으로 문의하는 것이 좋습니다. 믿을 수 있는 전문기관과 전문가들로부터 얻는 정보를 신뢰하는 것도 영농에 있어서는 중요한 요소입니다. 이러한 활동과 더불어 미래에 궁극적으로 하고 싶은 일을 계획하다 보면 자신이 세운 비전에 다가설 수 있을 것입니다.

마지막으로, 반드시 처음부터 자신의 이름을 내 건 브랜드와 CI를 갖추길 바랍니다. 같은 작물이라고 해도 독자적인 브랜드로 팔리는 것들은 그 부가가치가 훨씬 높습니다.

Q. 직접 컨설팅하신 곳 중 기억에 남는 곳이 있다면 소개를 부탁드립니다.

A. 화순에서 유기농 쌀 농사를 짓는 청년 농부가 있습니다. 정직하게 농사를 지었지만, 수매 혹은 RPC(대규모 미곡종합처리장)를 통해서만 쌀을 팔 수 있는 상황에서는 그런 노력이 보상받기 어려웠지요. 그 청년의 쌀을 관찰해보니 쌀눈이 도드라져 보였습니다. 쌀이 갖고 있는 영양분 대부분은 바로 그 쌀눈에 모여 있는데, 백미 수준으로 정미하게 되면 그 쌀눈을 많이 깎아낼 수밖에 없습니다. 그래서 칠분도미로 정미를 해서 쌀눈을 살리는 한편, 칠분도미 특유의 노란 빛깔을 홍보 포인트로 삼아 황금눈쌀이라는 브랜드를 만들도록 권했습니다. 그리고 이를 SNS로 홍보하도록

했지요. 덕분에 일반미에 비해 2.5배의 가격으로도 잘 팔리는 쌀이 됐습니다.

자신의 작물에 대해 애정을 갖는 농업인은 그 가치를 높이는 데 많은 노력을 기울이게 됩니다. 토마토를 재배하는 한 농가도 그런 곳이었는데, 일반적으로 유통 과정의 후숙을 염두에 두고 미숙과를 수확하다 보니 아무래도 원하는 맛이 나지 않는 것이 아쉬웠던 거죠. 그 농가에 물을 적게 주는 유기재배와 직거래를 제안했고 그 결과 일반적인 토마토의 1.5배 당도(6브릭스)를 자랑하는 토마토를 기존 토마토보다 2배 이상 높은 가격으로 100% 직거래할 수 있게 됐습니다.

Q. 6차산업의 활성화와 더불어 농업 현장도 다양한 분야로의 확장이 이루어지고 있는데요. 현장의 분위기는 어떤가요?

A. IT기술의 발달로 농업 현장의 변화가 유례없이 빠르게 진행되고 있습니다. 특히 전에 없던 큰 자본을 통한 첨단화와 기계화가 이루어지며 품질의 평준화가 이루어지고 있지요. 이러한 스마트농장이 보편화되는 한편, 부가가치를 높이기 위한 6차산업 현장도 빠르게 증가하고 있습니다. 치유, 교육, 체험 등 농업 현장이 특정한 목적에 따라 활용되고 있어요.

다만 이러한 변화를 선택하는 데 있어 자신의 상황을 신중히 판단해야 합니다. 고정비용이 상당히 많이 소요되거든요. 아울러 과일을 활용한 6

차산업을 염두에 두고 있다면, 수확기가 아닌 시기에는 어떤 주제를 갖고 특색 있는 프로그램을 운영할 수 있을지 진지하게 고민해야 합니다.

Q. 귀농을 앞두고 너무 많은 정보에 혼란스러워 하는 경우도 있습니다.

A. 정보유통 채널이 다양해진 만큼 정보도 다양해졌지만, 그만큼 잘못되거나 의도를 갖고 만들어진 정보들도 늘어났습니다. 비료회사나 농약회사 등에서 흔히 말하는 '뒷광고' 형식으로 콘텐츠를 만드는 경우가 있으니 주의해야 합니다. 특히 재배법에 있어서는 농촌진흥청에서 제시하는 표준 시비를 따르는 것으로 충분하다는 것을 꼭 기억해두세요.

농촌진흥청에서 운영하는 농사로(www.nongsaro.go.kr)에서 농업 전반에 대한 정보를 얻을 수 있고 흙토람(soil.rda.go.kr)을 통해서는 귀농하려는 곳의 토양성분을 확인할 수 있으니, 자신이 원하는 작목과 어울리는 환경인지 반드시 점검하시기 바랍니다. 전라남도농업기술원과 마찬가지로 각 지역별로 농업기술원을 운영하고 있으니 원하시는 지역을 찾아보시면 다양한 정보를 얻을 수 있을 것입니다.

청년과 귀농지원사업은 농림수산식품교육문화정보원(www.epis.or.kr), 정부지원사업 및 정책 동향은 농림사업정보시스템(uni.agrix.go.kr), 유통과 시장동향 및 수출, 식품외식, 박람회 홍보 등과 관련된 정보는 농수산식품유통공사에서 운영하는 카미스(kamis.or.kr)에서 확인 가능합니다.

좀 더 본격적인 연구를 통한 제품 개발에 관심이 있다면 농림식품기술기획평가원(www.ipet.re.kr)과 농업기술진흥원(www.koat.or.kr)을 통한 지원을 기대할 수 있습니다.

Q. 마지막으로, 예비 농업경영인을 포함한 모든 농업인들에게 당부의 말씀을 부탁드립니다.

A. 무엇보다 작목을 선정하는 데 있어 신중해야 합니다. 농사를 지으려는 땅과 주위 환경을 면밀하게 살피고 토양 성분 및 강수량, 습도, 풍량 등 여러 데이터를 확인해야 해요. 아울러 그 작물을 통해 얼마만큼의 경제적 이득을 얻을 수 있을지 세밀하게 예측해야 하고요. 내가 좋아하는 것이 아니라 고객이 선호하는 작물을 선택해야 합니다. 이는 경영의 기본이기도 하지요.

될 수 있으면 부가가치가 높고 확장성 있는 작목, 온라인 거래가 가능한 작목이 좋습니다. 그렇게 작목을 선택한 이후에는 최고의 전문가가 되어야 합니다. 어떤 문제가 발생하든 가장 먼저 대응해야 하는 사람은 바로 농업경영인 본인이니까요.

서두에도 말씀드렸지만 사업계획서와 경영기록장을 매일 작성하는 것은 그 무엇보다 중요합니다. 제대로 된 경영을 하기 위해서는 자신의 생산원가를 정확히 알아야 해요. 그래야 어디서, 무엇을, 어떻게 아낄 수 있을지 계획을 세울 수 있으니까요. 전라남도농업기술원에서는 1년에 한 번씩 경영기록장을 분석해서 선도농가와 비교했을 때 어떤 부분을 개선해야 할지 정확하게 파악할 수 있도록 정보를 제공하고 있습니다.

마케팅에 대해서도 항상 고민해야 합니다. 예전처럼 공판장에 내놓는 시대는 아니라는 것을 기억하셔야 해요. 내가 애써 기른 작물을 더 좋은 가격으로 판매하기 위해서는 누가 어떤 방법으로 재배했는지, 그래서 어떤 점이 다른지 널리 알려야 합니다. 브랜딩이 필요하다는 의미입니다.

성공적인 브랜딩을 위해서는 당연히 SNS도 적극적으로 활용해야 합니다. 소비자에게 더 쉽게 다가가기 위한 세일즈 포인트를 포착하는 데도 도움이 되지만 여러 농가들과 네트워킹을 하기 위해서도 필수적입니다. 사람을 아는 것은 정보를 아는 것이고, 정보를 아는 것은 결국 성장할 수 있는 방법을 아는 것과 마찬가지니까요.

농업의 외연은 우리가 생각하는 것보다 훨씬 넓다. 공학이라고 불리는 모든 분야가 농업과 직간접적 관계를 맺고 있다고 해도 과언이 아닐 정도다. 그래서 농업은 누구나 도전할 수 있는 영역이기도 하다. 정부와 각 지자체에서도 이러한 사실을 더 많은 이들에게 알리고 참여를 독려하기 위해 다양한 지원사업을 시행 중이다. 물론 제대로 된 결과물을 만들어내지 못하는 경우가 더 많지만, 하나의 전환점을 만드는 역할로 작용하는 사례 역시 적지 않다. 일정 수준 이상의 규모로 성장해서 다양한 형태로 인재를 모아 성장하고 있는 농업기업 혹은 농업 관련 기업 대부분이 이런 지원사업을 통해 성장했다.

4장 | 지원을 통한 확장, 경영으로의 도전

여자 혼자 비료를 만든다고?

쏠바이오

출처 : 저자 제공

내가 하면 더 잘할 것 같아서

농업과 관련된 창업자 중 청년을 만나면 반가운 마음이 든다. 기존의 견고한 구조에 도전하는 참신한 무엇인가가 만들어질 것이라는 기대감 때문이다. 그리고 그 청년이 여성이라면 더더욱 반가운 마음이 든다. 만나기 쉽지 않은 인터뷰 대상이라서 그렇다.

농업은 그 탄생부터 물리적인 힘과 밀접한 연관을 맺고 있는 산업이었다. 자연스레 오랫동안 여성의 역할은 소규모 영농이나 수확, 포장 등에 머물러 있는 경우가 많았다. 산업화 이후에도 마찬가지였다. 많은 수의 농기계들은 대부분 남성들에 의해 운용됐다. 하지만 생물학과 화학이 농업에 큰 영향을 끼치기 시작하자 사정이 달라졌다.

덕분에 인터뷰를 위해 찾아간 곳에서 종자나 식품과 관련된 연구를 수도하고 있는 많은 여성 전문가들을 만날 수 있었고, 그들이 발견하거나 새롭게 개발한 특성과 기술 덕분에 농업의 더 큰 가능성을 확인할 수 있었다. 충청남도 금산에서 만난 쏠바이오의 김솔비 대표 역시 그런 이들 중 한 명이었다.

"대학에서 식물자원학을 공부하고 비료회사에서 연구직으로 일을 하다가 창업을 했어요. 창업 계기는 남들이랑 비슷하지 않을까요? 내가 혼자 하면 더 잘할 텐데 싶은 마음, 그것 때문이었죠."

오랜 경험을 통해 정립된 방법에서 벗어나 '창의적 발상으로 더 높은 부가가치를 창출할 수 있을 것'이라는 생각은 보수적인 농업 현장과 어울리지 않는다고 생각하기 쉽다. 어쩌면 "농사를 몰라서 그래"라며 코웃음을 칠지도 모를 결정이다. 하지만 그의 조부모와 부모는 이미 오래 전부터 농사를 지어왔다. 그래서 김솔비 대표는 아주 어렸을 때부터 다양한 농업 현장에 대해 친숙한 기억을 갖고 있었다. 단 한 곳만 제외하고 말이다.

"할아버지 댁에 가면 절대 얼씬도 못 하게 하시던 곳이 있어요. 나중에 알고 보니까 농약 창고였더라고요. 어린애가 멋모르고 이것저것 만지다가 크게 탈이 날까 걱정을 하셨던 것인데, 그런 할아버지의 마음에 감사하면서도 안타까웠죠. 사람 몸에 안 좋은 것들을 농작물에 뿌려야 하니 살포하는 사람은 물론이고 그걸 먹어야 하는 사람의 건강도 안심할 수 없는 셈이잖아요. 언젠가는 그런 농약들을 좀 더 안전하게 만들고 싶다는 막연한 생각을 갖고 있었는데, 결국 여기까지 오게 됐죠."

김솔비 대표가 대학에서 농업 관련 전공을 선택했을 때, 비료회사에 취직했을 때, 농업과 관련된 창업을 결심했을 때 가족들은 그를 응원했다고 한다. 그게 어떤 일이든 할 수 있는 일을 잘하는 것이 중요하다는 격려와 농사가 고되고 힘든 것은 분명하지만 생각하기에 따라 더 좋은 길이 될 가능성이 충분하다는 응원을 평생 농사만 지어온 분들에게 들었다. 그에게는 그 무엇보다 든든한 지원이었다.

"저희 가족 모두가 농업의 트렌드가 바뀌어 가고 있음을 인지하고 계셨거든요. 특히 농약을 사용하는 데 있어서 더 엄격한 규제가 이루어질 것이라는 것은 농사를 짓는 분들이라면 누구나 알고 계셨을 거예요. 농약 PLS 제도가 본격적으로 시작됐으니까요."

제도가 달라지면 기회가 생긴다

농약 PLS(Positive List System) 제도는 '사전에 잔류허용기준이 설정된 농약을 제외한 기타 농약에 대해 잔류허용기준을 0.01mg/kg(ppm)으로 일률적으로 관리하는 제도'를 뜻한다. 농약의 오남용을 막는 한편 수입 농산물에 대한 안전관리를 강화하기 위한 목적으로 시행된 이 제도의 핵심은 일률 적용되는 기준 '0.01ppm 이하'다.

쉽게 말해, 정부기관에 의해 잔류허용기준이 따로 마련된 것들을 제외한 모든 농산물에 대해 100kg당 1mg의 농약만 허용한다는 의미다. 이는 독성학적으로 인체에 위해성이 없는 수준이며, 해외에서는 이미 널리 통용되고 있는 기준이기도 하다.

이러한 농약 PLS 제도는 2016년 견과종실류 및 열대과일류를 시작으로, 2019년부터는 모든 농산물에 적용되고 있다. 농약을 사용하는 데 깐깐한 규제가 생긴 셈이다. 그걸 어떻게 일일이 단속하느냐고 묻는 이들도 있겠지만, 실제 출하 현장에서의 각종 검사는 의외로 빈번하고 엄격하게 진행된다. 그래서 대부분의 농업 현장에서는 출하 직전에는 절대 농약을 살포하지 않는다. 농약 역시 수용성으로 제작되어 작물에 잔존하는 시간과 확률이 낮다. 그만큼 식품의 안전성이 올라가고 있는 상황이다.

하지만 반대로 농업 현장의 고충은 더 커졌다. 예전만큼 살상력이 높은 농약을 쓸 수 없기 때문이다. 게다가 수용성이다 보니 비가 온 후에는 농약의 효과가 급격히 떨어진다. 김솔비 대표는 이런 상황에 대안이 될 수 있는 새로운 비료를 개발했다. 유황을 활용한 제품이었는데, 어렸을 때부터 약재 등으로 사용하던 데서 개발 아이디어를 얻었다고 한다.

"살균효과가 있는 구리와 해충을 쫓아내는 효과가 있는 유황, 그중에서도 황 성분만 추출해서 이용한다면 좋겠다는 생각을 했어요. 농생명과 화학을 공부한 사람들 중에 유황의 효과를 모르는 사람은 없을 거예요. 심한 냄새가 실용화의 가장 큰 걸림돌이었죠."

유황은 아주 오래 전부터 약용과 식용으로 이용된 바 있는 전통적인 비금속 원소다. 소량이지만 인체를 구성하고 있는 필수 원소 중 하나이기도 하다. 하지만 그 냄새가 상당히 독하기에 다양한 처리를 거쳐야 목적에 맞게 사용할 수 있다. 김솔비 대표는 비료로 사용하기 위한 처리과정을 수립하는 데 자신이 있었다.

"사실 비료를 만드는 생산 과정 자체는 어렵지 않거든요. 다만, 어떤 물질이 어떤 작용을 하는지 정확한 기전을 밝혀내는 과정이 까다로워요. 또, 정해진 분량의 비료를 투여했을 때 얼마만큼의 효과를 기대할 수 있는지 수치화하는 과정도 쉽지는 않고요. 하지만 상업목적의 대량생산을 위해서는 반드시 거쳐야 하는 과정이기에 어떻게든 어려움을 극복해야 해야 하는 상황이었어요."

김솔비 대표는 이러한 난관을 같은 분야에서 연구를 담당하고 있는 선배들, 전 직장 관계자들 등 다양한 인맥을 총동원해서 돌파했다. 특히 비료시험연구기관을 통해 많은 도움을 받았다고 한다. 하지만 대량생산을 위해 넘어야 할 고비는 여전히 남아 있었다. 어디에, 어떻게 판매하느냐가 큰 문제였다.

경영의 기본, 선택과 집중

김솔비 대표가 연구개발한 비료는 자연유래 성분인 황과 구리를 이용해서 병충해를 막는 것이 가장 큰 특징이다. 화학물질이 포함된 농약이 아닌, 토양을 건강하게 만드는 비료이기 때문에 농약 PLS 제도 시행하에서도 자유롭게 이용할 수 있는 장점이 있어 다양한 작물에 사용이 가능했다. 하지만 이제 막 출시한 제품을 '범용'으로 광고하는 것은 사용 효과에 대한 의구심을 갖게 만든다는 사실을 김솔비 대표 스스로도 잘 알고 있었다.

"그래서 인삼 농가를 목표로 정했어요. 연구원으로 회사 생활을 할 때부터 안면을 익혀온 분들도 많이 계셨을 뿐더러 고부가가치 작물이기 때문에 고가의 자재(비료나 농약 등)를 사용하는 데도 주저함이 없거든요. 게다가 평균 재배기간이 5~6년에 달하다 보니 자연스레 약을 많이 사용하게 되는 터라 농약 PLS 제도에 직격을 맞는 작물이기도 했고요."

그런 인삼 농가를 설득하기 위해서는 유기농업자재로 등록하는 것이 무엇보다 중요했다. 물론 과정은 만만치 않았다. 비용도 컸을 뿐 아니라 준비해야 하는 서류와 표본의 양도 상당했다. 그러다 보니 가격경쟁력에 대해서는 어느 정도 포기할 수밖에 없었다고 한다.

"사실 유기농업자재로 등록된다고 해서 매출에 큰 영향을 주는 것은 아니에요. 유기농보다는 관행농인 현장이 더 많을 뿐 아니라 일반 농업자재들 역시 깐깐해진 규정에 맞추다 보면 유기농업자재와 성분상 큰 차이가 없거든요. 하지만 인증 마크를 달게 되면 제품을 소개하는 데 있어 자신감을 가질 수 있어요. 믿을 수 있는 자재라는 것을 국가가 인증해줬으니까요."

어렵게 인증을 획득해서 유기농업자재로 등록됐지만, 제품의 이름과 효과를 알리는 것은 또 다른 문제였다. 특히 농업 현장에서의 마케팅은 "써봤는데 좋더라"를 넘어설 수 있는 수단이 없었다. 그래서 김솔비 대표는 인삼 농가 중에서도 규모가 큰 곳을 찾아가 제품을 홍보했다. 자신의 제품을 사용한 곳을 수시로 찾으며 농장주 못지않게 인삼의 상태에 대해서 꼼꼼하게 확인했다. 그렇게 1년 정도 열심히 발품을 팔다 보니 제품에 대한 문의가 증가했다. 전혀 기대하지 않았던 곳에서의 성과도 있었다.

"금산에는 깻잎으로 유명한 추부면이 속해 있어요. 최초로 간판을 내걸었던 저희 사무실 겸 제품 대리점이 대규모 깻잎 하우스 옆에 있었는

데, 오가며 농사를 짓던 분들이 저희 대리점에서 뭘 팔고 있는 건지 궁금해서 일부러 찾아오셨던 거죠. 그분들께 조금 더 저렴하게 제품을 판매했는데, 얼마 지나지 않아 효과가 좋다는 소문이 퍼졌어요. 처음엔 한두 개만 사 가던 분들이 대량으로 구매도 하셨고요."

농업인들에게 더 품질 좋은 작물을 더 많이 생산케 하는 자재는 그 무엇보다 중요한 요소다. 입소문은 전국으로 퍼졌다. 덕분에 강원도 일대와 전라남도 일대에서 특히 주문량이 크게 늘었다고 한다. 인삼밭에서의 주문이 늘어난 것도 당연한 일이었다. 그와 함께 쏠바이오는 빠르게 성장하기 시작했다.

원점으로의 도전

농사는 땅이 있어야 한다. 수경재배 등 새로운 환경에서 작물을 재배하는 곳들이 늘고 있지만, 우리 삶의 근원이 되는 대다수의 곡물과 과채류에 있어 땅은 절대적인 존재다. 그래서 땅은 더 많은, 더 좋은 결실을 맺는 데 가장 중요한 역할을 한다.

그런 땅이 오랫동안 사용한 각종 농약과 비료로 인해 건강하지 못한 경우가 상당히 많다. 유기농 인증을 받기 위해 몇 년을 일부러 방치해도 기준을 충족시키지 못하는 사례가 있을 정도다. 김솔비 대표는 이런 부분이 가장 안타까웠다고 한다.

"사람이 건강한 체질을 갖기 위해서는 면역력을 높여야 하고, 면역력을 높이기 위해서는 장에 유용한 미생물이 많이 살아야 하잖아요. 땅도 마찬가지예요. 토양 속 미생물 구성이 그 땅의 건강을 좌우하는 가장 중요한 요소거든요. 그래서 저희는 농업의 원점이 되는 땅을 건강하게 만들기 위한 연구에 초점을 맞췄어요."

건강기능성식품으로 유산균이 각광을 받기 시작한 것도 장을 건강하게 만듦으로써 면역력을 높일 수 있다는 사실을 연구로 확인했기 때문이었다. 김솔비 대표도 이러한 사실에 영감을 얻어 첫 제품과 시너지 효과를 낼 수 있는 두 번째 제품에 대한 연구개발을 시작했다.

쉽지 않았다. 그렇다고 해서 결실이 없던 것은 아니다. 농업기술실용화재단의 도움을 통해 토양을 건강하게 만드는 미생물을 제품화하는 연구를 진행해서 특허도 얻고 제품 출시에도 성공했다. 하지만 시장성을 확보하지는 못했다.

미생물은 살아있는 생물이기 때문에 관리에 상당한 어려움이 따랐다. 유통 과정 중 변질되는 경우도 부지기수였다. 기대한 효과를 장담할 수 없게 되는 셈이다. 생산 장비 역시 비료를 만들 때와는 비교할 수 없을 정도로 복잡다단했다. 그렇다고 해서 포기할 수는 없었다. 다른 방향으로 접근하기로 했다.

"프리바이오틱스, 그러니까 미생물의 먹이가 되는 영양분을 만드는 것은 그 과정도 쉽고 보관 및 사용도 용이할 것이라는 데 착안을 한 것이죠."

김솔비 대표는 "각종 유기물을 분해하는 한편, 천연 항생물질을 만드는 토양 속 방선균의 활동을 더 활발하게 만드는 데 프리바이오틱스가 큰 역할을 한다"라는 설명을 덧붙였다. 그렇게 만든 두 번째 제품이 출시됐다. 그러자 전남 무안 대파 재배 현장에서는 프리바이오틱스와 키토산을 배합한 신제품의 인기가 폭발했다. 대파의 뿌리 활착(뿌리 내림)이 전과는 비교할 수 없을 만큼 좋아졌기 때문이다. 덕분에 광주전남 식물보호제판매업협동조합과 독점공급 계약까지 맺었다.

그럼에도 불구하고, 농업

물론 김솔비 대표가 여기까지 오는 길은 쉽지 않았다. 무엇보다 "여자가 비료를 만들어?"라며 전문성에 대해 의구심을 갖는 경우도 많았다. 하지만 "젊은 사람이 애 많이 쓴다"라며 격려해주는 이들 역시 예상보다 훨씬 많았다고 한다. 그래서 김솔비 대표는 농업이 청년들에게 더 많은 기회를 제공하는 산업이라고 생각한다고 했다.

"현장에 계시는 분들도 알고 계세요. 새로운 시각으로 새로운 도전이 이어져야 농업이 발전할 수 있다는 것을. 그래서 젊은 사람들이 전문성과 진정성을 갖고 농업에 진입하면 많이 도와주려고 하시고요."

지난 2022년 겨울 초입에 만났던 쏠바이오의 김솔비 대표는 현재 이 책을 집필 중인 2024년 3월에도 신제품 홍보를 위해 지역 내에서 활발하게 활동 중이다. 특히 지역 내에서의 창업, 그중에서도 농업 생태계에서의 창업에 관한 더 다양한 정보를 더 많은 이들과 공유하기 위해서 노력 중이다.

"청년인데다, 여성인데다 거기에 농업에서의 창업 이후 5년을 이어왔잖아요. 여러 모로 희소성이 있는 존재가 된 덕분에 다양한 곳에서 초청해주고 계세요. 감사한 일이죠. 제 입장에서도 더 많은 분들과 네트워킹을 하며 제 얼굴과 회사의 제품을 알릴 수 있는 기회가 생기는 셈이니까 될 수 있으면 참석하기 위해 노력 중이에요."

그렇게 행사에 참여한 김솔비 대표에게 많은 이들이 묻는 가장 빈번한 질문은 '도전에 대한 두려움을 이겨낸 방법'이라고 했다. 다시 말해, 창업 이후 실패에 대해 겁이 나지 않았느냐는 의미다. 분야를 막론하고 창업을 고민하는 모든 이들이 공유하고 있는 감정이라 생각하는 것이 일반적이지만, 정작 김솔비 대표는 그런 두려움을 가져본 적이 없다고 한다.

"현재 상황에 대한 문제의식, 그 문제를 해결하기 위한 아이디어, 아이디어를 현실화할 해결방안, 해결 이후의 방향성에 대한 확신을 갖고 있다면 걱정이나 두려움을 느낄 이유는 없을 거예요."

창업부터 성장까지, 김솔비 대표가 지나온 과정이 그러했다. 토양오염에 대한 문제점을 인식했고, 이를 해결하기 위해 황과 구리를 이용하자는 아이디어를 떠올렸으며, 그 두 가지를 주성분으로 하는 비료를 만들었고, 이를 통해 농약을 사용하는 것보다 더 적은 비용으로 더 건강한 작물을 재배할 수 있는 비료전문회사를 전국에 알렸다. 그리고 앞으로도 땅을 건강하게 만드는 제품을 더 널리 알릴 계획을 세우고 있다.

"지금은 수출에 대해 고민 중이에요. 물론 쉽지는 않아요. 저희는 실적도 없고 규모도 작은 회사니까요. 이런저런 지원 프로그램이 없는 것은 아니지만, 대부분은 어느 정도 규모화가 이루어진 곳들을 대상으로 하고 있어서 다른 방법을 찾아보고 있는 중이죠. 아마존에 입점해서 직접 몇 개라도 팔아보려고도 해요. 어쨌든 해외로 발송되면 수출 실적으로 기록할 수 있거든요. 그렇게 작게 시작한 후 지원을 통해 더 넓은 시장으로 진출하는 것이 현재의 목표예요."

쏠바이오는 2024년 2월, 충청북도와 농협은행충북본부에서 조성한 1,000억 원 규모의 청년창업펀드 투자를 받기도 했다. 김솔비 대표는 그 투자금 대부분이 수출을 위한 도전에 사용될 것이라고 했다. 베트남을 중심으로 한 동남아시아를 주된 수출 목표 지역으로 설정해두었다고 한다.

"투자를 받는 조건은 5년 이상 대표로 재임해야 한다는 것이었어요. 즉, 무슨 일이 있어도 5년 동안 쏠바이오를 제가 더 성장시켜야 한다는 의미죠. 그동안 과분한 관심과 사랑을 받았지만, 앞으로 어떻게 될지는 잘 모르겠어요. 물론 진실된 마음으로 연구개발에 임한다면 그 마음을 알아주시는 농업인들을 더 많이 만나게 되겠지만, 혹시라도 제가 만든 비료들도 관행처럼 사용하게 됨으로써 더 이상의 변화를 기대할 수 없다면 스스로 재미를 느끼지 못 할 수도 있지 않을까요."

그래도 먼저 창업한 선배들로부터 "5년을 버텼으면 앞으로 5년도 버틸 수 있다"라는 격려를 많이 받고 있다며 웃는 김솔비 대표는 지금 당장 그에게 주어진 일에 집중할 계획이라고 했다. 그가 만든 제품이 그러했듯 농업의 토양을 건강하게 만드는 새로운 비료와 같은 역할로써 말이다.

〈쏠바이오〉 키워드

1. **변화와 기회의 시작, 농약 PLS 제도 :** 식품 안전에 대한 관심이 높아지면서 농산물 관리 기준도 엄격해지고 있다. 특히 농약 사용과 관련된 부분에 대해 더욱 깐깐한 관리가 이루어지고 있는데, 소비자 입장에서는 더 안심하고 농산물을 구입할 수 있게 된 반면 농업 현장에서는 예전만큼 '독한 약'을 쓸 수 없게 된 터라 비용이 그만큼 증가했다. 새롭게 바뀐 규정에 맞는 약제는 쉽게 씻겨 내리는 특성으로 인해 살포 횟수가 늘어날 수밖에 없고 자연스레 구입비용이 늘어나기 때문이다. 다양한 방법으로 농약 살포 횟수를 줄이거나 병충해를 예방할 수 있는 방법을 강구하는 농업인들이 늘어나고 있는 것은 당연한 일이다. 쏠바이오는 이런 상황에 더 없이 매력적인 솔루션을 개발했다. 만약 농약 PLS 제도가 시행되지 않았다면 많은 수의 농가들은 관행대로 자재를 사용했을 테고, 이는 쏠바이오의 시장진입을 가로막는 높은 장벽이 됐을 것이다. 누군가에게는 불편할 수밖에 없는 새로운 제도는 새롭게 도전하는 이들에게 기회가 될 수 있다는 격언이 농업에도 그대로 적용된다. 그리고 농업과 관련된 정책은 향후 더 빠르게 변화할 것으로 예상되고 있다. 새로 입안되거나 변경되는 법령과 제도를 꾸준히 지켜봐야 하는 이유이기도 하다.

2. **경영의 모든 것, 선택과 집중 :** 농업 현장에서는 다양한 작물을 재배하고 있는 것 같지만, 의외로 스펙트럼이 넓지 않다. 소비되는 작물의 종류가 한정되어 있기 때문이다. 그래서 비슷한 효과를 자랑하는 제품들끼리 경쟁을 하는 경우가 많다. 이럴 경우 실제 다방면으로 효과를 기대할 수 있는 신제품을 선보인다고 하더라도 만병통치약처럼 홍보하면 오히려 신뢰도를 낮출 뿐이다. 김솔비 대표는 자신이 나고 자란 지역에서 주로 재배하는 고부가가치 작물에, 그리고 그런 작물을 가장 많이 재배하는 대농에 집중적으로 홍보함으로써 농업 현장의 신뢰를 얻기 시작했다. 애초에 농업과 관련된 제품들 대부분이 그러하지만, 불특정 다수를 향한 홍보를 지양하고 실제 효과를 본 농업인들의 입소문을 통해 장점을 널리 알리는 데 집중한 것도 짧은 기간 안에 독점 계약을 이끌어 낸 원동력이 됐다.

3. **연구개발을 계획한다면 방문하자. 농업기술실용화재단 :** 2022년 3월 한국농업기술진흥원으로 이름이 바뀐 농업기술실용화재단은 말 그대로 농생

명 과학기술 분야의 연구개발 성과를 산업적으로 발전할 수 있도록 도움을 주는 준정부기관 중 하나다. 농업과 관련된 연구를 진행하고 있는 혹은 경험이 있는 사람이라면 한 번쯤은 들어보거나 도움을 받았을 가능성이 큰 곳이다. 농생명 분야와 관련된 새로운 기술을 연구하고 있다면, 그리고 그로부터 산업적 결과를 기대할 수 있다고 판단된다면, 반드시 지원받을 수 있는 방법을 찾아보자. 물론 농업으로의 창업을 준비할 때 도움을 받을 수 있는 곳이 한국농업기술진흥원만 존재하는 것은 아니다. 농업 및 청년창업과 관련된 지원 프로그램은 굉장히 많다. 정부기관뿐 아니라 지자체에서도 독자적인 청년 및 창농 지원 프로그램을 운영하고 있는 경우가 많으니 꼭 확인하도록 하자. 김솔비 대표 역시 지금만큼 성장하는 데 있어 다양한 청년창업 및 지원 프로그램의 도움을 받았다고 한다. 물론 지원이 무상으로 이루어지는 것은 아니다.

〈쏠바이오〉 생생 취재 후기

- 그동안 방문했던 많은 수의 농업 관련 청년기업들은 기계나 식품가공 분야인 경우가 많았다. 농약이나 비료 등 자재를 개발하고 생산하는 곳들은 오랫동안 터줏대감 역할을 하던 곳이 많기 때문에 새롭게 진출하는 일이 쉽지 않았다. 무엇보다 생산량에 직결되는 제품이다 보니, 농업 현장에서의 선택은 보수적일 수밖에 없다. 그럼에도 김솔비 대표는 스스로에 대한 확신과 자신감으로 창업에 성공했다. 그동안 쌓아 올린 역량이 그만큼 단단했기 때문에 가능한 일이었다.

- 입소문이라는 것이 참 무섭다. 농업은 특히나 그렇다. 새로운 무엇인가를 도입하고 그 결과를 확인하는 데까지 적지 않은 시간이 걸리기 때문에 농업 현장에서는 최대한 검증된 것을 선택하려고 한다. 그리고 그 검증에는 동종 업계 종사자의 후기만한 것이 없다. 태어나면서부터 농업과 함께 성장해온 김솔비 대표는 이러한 생리를 누구보다 잘 알고 있었다. 좋은 후기나 별점을 남긴다고 해서 별도의 보상을 해주지 않는 곳이라면 그 신뢰도는 더더욱 높을 수밖에 없다. 그러기 위해서는 무엇보다 제품이 좋아야 한다. 쏠바이오가 빠르게 성장한 이유도 여기에 있었다.

- 선입견은 어디에나 존재한다. 재미있는 것은 그 선입견이 양면성을 띤다는 데 있다. “젊은 여자가 농사를, 비료를, 영업을 알아?”라며 세모눈을 뜬 사람이 적지 않았지만, 김솔비 대표는 자신의 능력을 통해 이러한 선입견을 모두 해소함으로써 높은 평가를 받았다. 그런 과정을 거쳐 성공한 청년사업가이자 창농 사례로, 누군가에게 모델이 될 수 있는 지역 여성으로 손꼽히게 됐다. 전문적 지식을 바탕으로 현장의 모두에게 살갑고 친절하게 대응하는 자세 역시 그의 평판을 높이는 요소가 됐다. 농업에 종사하는 이들이 갖고 있는 선입견이 이제는 그를 더 높은 곳에 세워놓은 발판이 된 셈이다.

- 공공기관의 투자와 지원은 굉장히 낮은 회수 확률을 갖고 있는 분야에 대해 이루어지곤 한다. 그래서 각종 지원제도에 대해 종종 세금 낭비라는 비판이 일지만, 그를 통해 성장하고 성공하는 사례가 분명히 존재한다. 그리고 지원을 받는 이들도 그에 상응하는 책임을 감당해야 한다. 무상지원은 거의 없으며 대부분은 자부담과 지원자금 상환의 의무를 갖는다. 다양한 서류작업은 당연한 일이다. 그러니 농업 분야에서의 창업을 고려하고 있다면 우선 응모할 수 있는, 그리고 감당할 수 있는 프로그램이 무엇인지부터 찾아보자. 그 과정을 통해 계획이 더 구체적으로 진화할 수 있을 것이다.

마늘밭으로 간 자동차 엔지니어

㈜하다

출처 : 저자 제공

스스로도 예상치 못했던 시작

"원래는 독일 자동차 회사에서 일을 하며 석사과정을 마치고 박사과정을 준비 중이었어요. 잠시 틈이 생겨 귀국을 했는데, 30년 동안 농기계를 만들고 고치는 일을 해오신 아버지를 도와드리다 여기까지 왔습니다."

한눈에도 건실한 공대 청년이라는 사실을 알아차릴 수 있었던 하종우 대표는 현재 전북 익산에서 농업기계를 전문으로 제작하는 ㈜하다를 운영하고 있다. 애초에 농업과는 '한 다리 건너' 아는 사이일 뿐이었다. 그런 그가 현재는 농업기계, 그중에서도 자동화된 농업기계를 만들고 있다.

"처음엔 다시 독일로 돌아갈 생각이었죠. 그런데 아버지와 함께 농기계를 고치다 보니 여러 생각이 들었어요. 전 세계적으로 인구는 증가하고 있고, 그 증가 속도보다 빠르게 기후가 변화하고 있거든요. 농촌 인구는 그보다도 더 빠르게 고령화되고 있고요. 새롭게 농업으로 유입되는 인력은 적어지는 반면, 농산물에 대한 수요는 늘어날 수밖에 없는 구조이다 보니 새로운 전환점이 곧 도래하겠다는 판단을 하게 된 거죠."

다시 말해, 농업도 데이터를 기반으로 고정밀, 고효율 농법을 도입하지 않으면 지금의 수요를 따라가지 못하게 된다는 의미였다. 물론 농업은 어떤 형태로든 산업으로서의 생명력을 이어갈 것은 분명했다. 먹지 않고 살 수 있는 인간은 없으니까. 그래서 변화에 적응한다면, 아니 선도할 수 있다면, 시장의 많은 부분을 차지할 수 있으리라는 추론이 가능했다. 그런 까닭으로 하종우 대표는 독일 대신 마늘밭을 선택했다. 아버지가 생활하는 곳에서 가장 많은 농사가 이루어지고 있는 작물이 바로 마늘이었다.

마늘은 상대적으로 고수익 작물로 손꼽히지만, 대부분의 밭작물이 그러하듯 상당한 노동력 투입이 요구된다. 일할 사람이 적어진 지금은 이런저런 기계들이 등장해서 어느 정도의 기계화가 이루어지기는 했지만, 파종부터 줄기절단과 세척 및 선별에 이르는 과정에 모두 다른 종류의 기계를 동원해야 하기에 작업속도와 효율이 그다지 높지 않았다.

하종우 대표는 그런 마늘 농사에 소요되는 기계의 수를 최대한 줄이는 것이 무엇보다 중요하다고 생각했다. 그리고 그보다 더 중요한 것은 새로운 기계를 만드는 데 필요한 자금을 끌어모으는 일이었다.

맨손의 엔지니어, 자금을 모아라

비록 세계 굴지의 자동차 회사에서 일을 하고 있었지만, 유학생 신분이기도 했던 그에게 창업을 위한 자금은 넉넉하지 않았다. 아니, 전혀 없었다고 하는 편이 정확한 표현이겠다.

"그래서 지원금을 받을 수 있는 창업이나 농업 관련 공모전을 열심히 찾아봤습니다. 물론 개인적인 대출이나 지인들로부터의 지원도 최대한 알아봤고요."

그렇게 백방으로 쉬지 않고 뛰어다니던 하종우 대표가 손에 쥔 자금은 겨우 2,000만 원 남짓이었다. 기계를 만들기 위해서는 공장이 필요하고, 공장은 넓은 부지를 필요로 하며, 넓은 부지는 더 많은 비용을 요구한다. 그래서 당시의 하종우 대표가 끌어모은 자금은 번듯한 공장을 짓기에는 턱 없이 모자란 액수였다.

그럼에도 포기하지 않았다. 덕분에 '전국에서 가장 싼 공장'이라고 불러도 크게 이의를 제기하지 않을 매물을 발견할 수 있었다. 경남 창녕에서 창업을 결심한 그가 전북 익산에서 공장을 운영하기 시작한 것 역시 그런 이유 때문이었다.

지원사업에 열심히 응모한 보람도 결실을 맺었다. 응모했던 지원사업에서 심사위원으로부터 투자 제의를 받은 것을 계기로 개인사업자에서 법인으로 전환했다. 이어 ㈜전북지역대학연합기술지주회사로부터 투자를 받아 본격적인 사업이 시작됐다.

최초로 개발, 판매하기 시작한 제품들은 마늘 농사를 위한 기계들이었다. 파종기는 이미 법인 전환 이전부터 출시한 상황이었고, 이어 마늘선별기와 땅 속 작물 수확기, 퇴비살포기 등을 잇달아 시장에 선보였다. 물론 이 과정에서 상당한 연구개발비가 소요됐다.

"그럴 때마다 가장 큰 도움이 됐던 것이 연구개발 지원사업들이었습니다. 분류하자면 아무래도 농림부에서 시행하는 지원사업의 비중이 가장 크지만, 타 기관이나 지역에서 시행하는 지원사업들도 10년 동안 회사를 꾸려올 수 있는 기반이 되어줬습니다."

하종우 대표는 '만약 지원사업들이 없었다면 이만큼 성장할 수 없었을 것'이라고 단언했다. 연구개발이 필수적인 기계 분야 회사이기에 더더욱 그러했다.

"신기술 혹은 신제품에 대한 연구개발 기간은 대부분의 지원사업 기간보다 길기 마련이거든요. 그래서 지원받던 사업이 종료되면 새로운 지원사업에 응모하고, 그 새로운 지원을 통해 기술과 제품의 완성도를 높여왔습니다."

㈜하다를 대표하는 다양한 파종기와 일관작업형 선별기 등은 이러한 과정을 통해 농업인들과 만날 수 있었다. 물론 기계만 내놓은 것은 아니었다. 직접 소비자를 만날 수 있는 기회가 생기면, 그곳이 어디든 누구보다 먼저 달려갔다.

2011년 11월 첫 인터뷰 이후 농업과 관련된 다양한 행사장에서 하종우 대표를 여러 차례 마주친 이유이기도 했다. 그리고 요즘은 그런 하종우 대표의 발걸음이 더 바빠지고 있다. 농업과 관련된 분야로 뛰어들 때 예상했던 '농업에서의 전환점'에 마침내 도달했기 때문이다.

믿을 수 있는 기술임을 증명하는 방법

2024년 6월, 하종우 대표는 국립농업과학원에서 주관하는 신기술보급시범사업 현장설명회에 참석했다. 이곳에서 스마트팜 작업자 추종 운반 로봇을 시연하기 위함이었다.

"추종형 로봇은 말 그대로 사람의 움직임을 따라다니는 로봇이라는 뜻입니다. 이미 많은 산업현장에서 사용하고 있는 로봇이라 기술적 난이

도가 높지는 않아요. 하지만 농업 현장에서라면 이야기가 달라지죠."

하종우 대표는 "대부분의 추종형 로봇은 공장 등 바닥이 포장되어 있고 경로에 장애물이 없는 환경에서 운용된다"라며 설명을 이어갔다.

"농업 현장에서 필요로 하는 추종형 로봇은 대규모 스마트팜에서의 수확 과정 사용을 전제로 하고 있는데, 운용 조건에 따라서는 수확 장소와 보관 장소의 환경 차이가 심하게 나는 곳도 있습니다. 스마트팜 내부에는 추종형 로봇이 안정적으로 이동할 수 있도록 레일과 유도선 등의 설비를 갖출 수 있는 반면, 수확물을 보관하는 저장고까지 가는 길은 흙밭인 경우도 있거든요."

단지 작업환경의 변화가 극적이라는 점만 문제가 되는 것은 아니다. 스마트팜 내부는 다른 어느 곳보다 온도와 습도가 높다. 그중에서도 기계에 치명적인 것은 높은 습도다. 그래서 최초 설계 단계부터 더 높은 수준의 방진·방수를 염두에 둬야 했다. 연구개발에 많은 비용과 시간이 소요된 것은 당연한 일이었다.

내가 처음 하종우 대표를 만났던 당시에도 그는 추종형 로봇의 완성도를 높이는 데 초점을 맞추고 있던 상황이었다. 그로부터 약 4년 동안 연구개발을 이어와 마침내 농업용 추종형 로봇에 대한 정식 판매를 앞두고 있었다.

물론 기존의 농업기계와 궤를 달리하는 제품도 판매하고 있다. 트랙터, 이양기, 승용관리기(사람이 탑승해서 운전하며 경운, 제초, 퇴비 살포 등의 작업을 수행하는 소형 농업기계) 등에 부착하는 것만으로도 자율주행이 가능한 자동조향키트가 바로 그것이다. 많은 농업 현장에서 사용하고 있는 대부분의 농업기계에 적용이 가능하기 때문에 경운과 정지, 파종, 방제, 수확 등 농사의 모든 과정에 사용할 수 있어 활용도가 높다.

그렇다면, 실제 농업 현장에서는 이러한 자동화 기기와 농업용 로봇에 대해 어떻게 생각하고 있을까?

"농업기계박람회 같은 행사장에서는 자동화와 관련된 전시를 하는 곳에 가장 많은 사람들이 몰리고 있어요. 하지만 그런 관심이 실제 자동화 도입으로 이어지는 속도는 아직 그리 빠르지 않습니다."

하종우 대표는 그 가장 큰 이유에 대해 '경제성에 대한 확신이 서지 않아서'라고 진단했다. 자동화 기계 혹은 로봇을 제대로 사용하게 되면 더 편리하게 농사를 지을 수 있겠지만, 투자한 만큼의 비용에 대한 회수 시점을 확답할 수 없는 상황이라는 의미였다. 그만큼 자동화 기계 혹은 로봇에 대한 초기 투자 비용이 크다는 뜻이기도 했다.

"하지만 자동화로 향하고 있는 현재의 트렌드만큼은 누구도 부정할 수 없을 것이라고 생각합니다. 시간이 지날수록 농업 인구뿐 아니라 농가의 숫자도 줄어들고 있거든요. 그러다 보니 농가당 경작 면적은 늘어나고 있어요. 자동화 없이는 농사를 지을 수 없는 상황이 빠르게 다가오고 있는 셈이죠."

다만 국내, 아니 아시아의 농업 현실에 대한 고려도 잊지 말아야 한다는 점을 분명히 했다. 유럽이나 북미와 달리 경작 면적 자체가 협소한 곳에서의 농업기계는 그에 맞게 작고 저렴해야 한다는 것이 하종우 대표의 철학이었다.

그런데 농업은 그 어느 곳보다 보수적인 산업 분야라는 선입관이 있다. 혹시 그래서 새로운 기계와 시스템을 도입하는 데도 더 많은 시간이 걸리는 건 아닐까.

결국 모두가 가야 할 길

농업 현장에서 관행과는 다른 방법을 택해서 성공한 이들은 공통적으로 "그러다 농사 망한다"라며 말리거나 혀를 차는 주위의 평가를 이겨내는 것이 가장 어려웠다는 이야기를 하곤 했다. 산업의 역사가 워낙 길다 보니 농법에 대해서도 오랫동안 신념처럼 지켜온 방법들이 여전히 생명력을 유지하고 있는 경우가 적지 않기 때문이다.

"물론 보수적인 면이 있는 건 사실이에요. 그런데 그건 어떤 분야든 마찬가지가 아닐까 생각하기도 합니다. 그리고 어떤 분야든 마찬가지겠지만, 농업 역시 더 개방적인 마인드를 갖고 있는 분들도 계세요. 특히 세대가 바뀌는 가족농이나 새롭게 귀농하려는 분들은 기계화와 자동화를 전제로 농업에 대한 계획을 세우는 것이 일반적이거든요. 그런 분들은 항상 신기술에 목말라하세요."

이러한 흐름은 전 세계적이라고 한다. 하종우 대표는 "세계 최대 전자기기 박람회라고 할 수 있는 CES에서 글로벌 농업기계기업인 존디어(John Deere)의 대표가 기조 연설을 한 것이 바로 그 증거"라고 했다. 기후 변화와 전쟁으로 촉발된 인류의 식량 문제를 농업기계기업이 해결할 수 있다는 자신감을 내비친 것이다. 그리고 그런 존디어의 주장을 많은 이들이 수긍했다.

"굉장히 상징적인 일이라고 생각해요. 최첨단 기기들의 경연장에서 농업기계를 만드는 기업의 대표가 기조 연설을 한다는 것은 그만큼 농업에 대한 전 세계의 관심이 크다는 의미니까요. 아울러 농업기계회사가 기계와 데이터 부문을 선도하고 있다는 선언이기도 하고요."

"저도 기조 연설자로 나설 기회를 찾아보고 있다"라며 웃던 하종우 대표에게도 당연히 고민거리는 있었다. 무엇보다 사람을 구하는 것이 그러했다. 농업용 로봇과 자동화 기계의 완성도를 높이기 위해서는 높은 수준의 연구 인력을 확충하는 것이 가장 중요하고 시급한 과제일 수밖에 없었다. 그래서 하종우 대표는 좋은 사람을 구하기 위해서라면 수단과 방법을 가리지 않고 있다며 다시 웃었다. 결코 여유롭게만 보이는 웃음은 아니었다.

"외부에서 볼 때 저희 회사가 아직 매력적으로 보이지는 않을 것이라고 생각해요. 농업이라는 커다란 울타리 안에서 바르게 성장한다는 가치를 공유할 수 있는 우수한 인재를 구하는 것은 그래서 더욱 쉽지 않은 일이고요. 하지만 모든 산업에는 등락이 있고 농업은 이제 본격적인 상승 그래프를 그리기 시작했다고 믿습니다. 인간이 살아가는 데 있어 결코 없어서는 안 될 산업이라는 인식이 더 널리 퍼지고 있고, 그와 동시에 지금까지 농업 분야에 남아 있는 이들의 가치는 더욱 높아지고 있으니까요. 직원들 입장에서야 대표의 이런 말들이 그냥 흘려듣게 되는 이야기겠지만 말입니다."

다시 한번 사람 좋은 얼굴로 웃어보이는 하종우 대표는 '왜 트랙터는 100년째 그 모습 그대로인가' 그리고 '제초제와 멀칭 필름이 없다면 잡초와의 전쟁에서 승리할 수 없는 것일까'에 대한 고민을 하고 있다고 했다. 그 고민의 해답을 찾는 데는 짧지 않은 시간이 걸릴 것이 분명했다. 그리고 공대 청년으로 자란 그가 두 가지 문제를 쉽게 포기하지 않을 것이라는 사실 역시 분명했다. 농업 못지않게 긴 역사를 자랑한 공학은 언제나 농업에 결정적 전환점을 마련해줬으니까.

〈㈜하다〉 키워드

1. **반드시! 지원사업을 활용하자** : ㈜하다는 내가 조사하고 인터뷰한 곳 중 손에 꼽을 정도로 우수한 지원 대상 기업이었다. 지원 대상에 선정된 횟수도 많고 그만큼의 성과도 보여왔을 뿐 아니라 그 성과를 시장에서 입증했다는 것이 무엇보다 주목해야 할 부분이었다. 대부분의 연구개발 및 사업화 지원사업은 지원금을 바탕으로 시장에서 경쟁력을 갖추도록 돕는 데 목적이 있다. 국가 혹은 기관이 주관하는 지원공모사업에 선정되는 일이 그다지 녹록치는 않다. 무엇보다 지원금을 올바른 목적으로 사용하고 관리하는 일에도 적지 않게 손이 간다. 그럼에도 ㈜하다는 다양한 지원사업을 통해 기술력을 축적하고, 시장으로부터 좋은 평가를 받아 성장할 수 있었다. 하종우 대표는 그 비결에 대해 "반복적으로 연구개발 지원사업에 참여하다 보면 행정 절차에 대한 번거로움을 느끼지 않게 될 것"이라며 웃었다.

2. **필연적 귀결, 농업 자동화에 대응하자** : 하종우 대표의 설명에 따르면 농업 현장은 이미 자동화 시대에 접어들었다고 한다. 문제는 완성도를 높이는 데 예상보다 오랜 시간이 걸릴 수도 있다는 점이다. 농업 현장에서 다양한 데이터를 얻어야 하기 때문이다. 여기에 신생 기업의 고충이 더해진다. 농업과 관련된 정부기관의 지원사업에 참가할 때와 달리 작은 기업이 현장에서의 데이터를 얻기 위해서는 인맥의 인맥을 동원해서 테스트베드를 찾아야 하기 때문이다. 그나마 소개라도 받으면 굉장히 운이 좋은 경우고, 대부분은 일면식도 없는 곳을 찾아가 사정을 설명하는 것이 일반적이라고 한다. 맨투맨 영업과 크게 다르지 않다. 만약 농업 자동화와 관련된 창업 혹은 도전을 준비 중이라면 반드시 염두에 두어야 하는 시장 환경이다.

3. **농업이 혁신의 선봉임을 증명한 존디어** : 존디어는 농업 및 관련 산업 종사자라면 모르는 이가 없는 거대 기업이다. 1837년 농업기계 전문기업으로 설립된 이후 2024년 6월 현재 시가총액이 1,000억 달러를 기록했다. 단순히 농업 기계를 만드는 것이 아니라 데이터를 기반으로 한 자율주행과 AI 기능을 탑재하며 더 효율적인 농업을 가능하게 만드는 첨단기업으로 변모하고 있다. 그래서 앞서 언급한 것처럼, 2023년 CES에서의 기조연설은 이제 농업이 새로운 시대를 이끌어가는 핵심산업임을 선언하는 상징적 장면이기도 했다. 물론 어디까지나 경작 면적이 넓은 북미와 유럽에 한정된 이야기로

치부할 수도 있지만, 국내 농업 환경 역시 빠르게 변화하고 있다는 점을 잊지 말아야 한다. 가구당 경작 면적은 지금 이 순간에도 넓어지고 있다.

〈㈜하다〉 생생 취재 후기

- ㈜하다에 처음 방문했던 것은 2021년 11월이었다. 지금도 그렇지만, 당시 하종우 대표는 상당히 젊어보였다. 단지 젊어보였다는 사실만으로는 기억에 오래 남지 않았을 것이다. 삼성전자와 벤츠에서의 경력 그리고 독일에서의 박사 과정을 뒤로 하고 농업기계 분야에 뛰어들었다는 사실이 우직해 보이는 그의 인상과 굉장히 잘 어울렸다. 비슷한 일을 하고 있는 사람들끼리는 "인터뷰를 오래 하다 보면 반쯤은 관상쟁이가 된다"라는 우스갯소리를 하곤 하는데, 하종우 대표는 내가 마주 앉았던 인터뷰 대상자 중 손에 꼽히게 진정성이 가득한 사람으로 기억에 남았다. 물론 크게 공신력을 갖기 힘든 '경험에 근거한 비과학적 판단'이지만 다행히 ㈜하다는 착실하게 성장하고 있다.

- 적합한 인재를 찾는 일은 모든 산업 분야의 가장 큰 숙제다. 정도의 차이가 있을지언정 모든 기업들은 본질적 고민을 공유하고 있음이 틀림없다. 하종우 대표 역시 인터뷰 말미에 "사람을 구하기 위해서는 무엇이든 한다"라는 이야기를 몇 차례나 했다. 당연히 국적도 상관없다. 그래서 현재 ㈜하다의 기업부설연구소에서 근무 중인 인원 중 20%는 한국에서 대학원 과정을 마친 외국인 엔지니어들이라고 한다. 다행스럽게도 모두 맡은 일을 성실하게 수행하고 있다.

- 농업기계 시장에서도 대기업은 존재한다. LS엠트론, 대동, TYM 같은 전통의 국내 기업들뿐 아니라 YANMAR, KUBOTA 같은 일본 농업기계들도 농업 현장에서 널리 사용되고 있다. 모두 자동화와 로봇 기술 접목을 통해서 더 쉽고 안전한 농업의 비전을 내놓고 있다. ㈜하다와 같은 신생업체는 그 틈에서 독자적인 기술력을 증명하는 한편, 기존 기업들 못지않은 사후 서비스를 제공해야 하는 두 가지 숙제를 안고 있는 셈이다. 그리고 나는 ㈜하다가 그 두 가지 숙제를 훌륭하게 해내기를 응원하고 있다. 새로운 존재의 등장은 그 자체만으로도 기존 생태계에 전에 없던 활력을 불어넣으니까.

30억, 나의 농사를 시작한 자본금

스마트베리팜

출처 : 저자 제공

역대급 규모의 유리온실에서 자라고 있는 것

인터뷰에 앞서 가장 먼저 그리고 세심하게 진행해야 하는 일은 사전 조사다. 주제에 맞는 질문을 준비하기 위해서는 인터뷰 대상에 대해 무엇을 모르고 있는지 파악하는 것이 무엇보다 중요하다. 그래서 다양한 방법을 통해 인터뷰 대상에 대해 검색한 후 내가 갖게 되는 궁금증이 보편적인 그것과 맞닿아 있는지 다시 한번 확인해야 한다. 인터뷰어로서의 책무는 다른 누군가가 알고 싶어 하는 부분을 대신 묻는 데 있으니까.

그렇기에 인터뷰 대상자의 유명세는 질문을 만들어가는 데 있어 중요한 기준이 되기도 한다. 너무 유명한 이에 대해서는 더 물을 것도, 새롭게 들을 것도 없는 경우가 많기 때문이다. 전라남도 담양군에 위치한 유리온실에서 딸기 농사를 짓고 있는 스마트베리팜의 서수원 대표는 바로 그 '너무 유명한 이'에 속했다.

"견학 오시는 분들만 따지면 1년에 2~3,000명 정도는 될 거예요. 숫자가 많은 만큼 재배하고 계시는 작목도 다양해요. 온실과는 상관없는 작물을 재배하는 분들도 많이 계시고요. 그럼에도 멀리서까지 찾아오시는 것은 아무래도 이 정도 크기의 유리온실을 개인이, 그것도 젊은 사람이 운영하는 경우가 흔치 않아서겠죠."

2018년부터 서수원 대표가 운영하고 있는 스마트베리팜은 약 3,000평에 이르는 딸기 유리온실이다. 외부에서는 당연히 어마어마한 규모에 먼저 시선이 가지만, 내부에 들어서면 그 시스템에 집중하게 된다. 천장에서 내려온 와이어에 배지가 달려있는 행잉 거터(Hanging Gutter)를 채택했기 때문이다.

행잉 거터는 말 그대로 매달려 있는 홈통(빗물받이)이라는 뜻인데, 빗물받이처럼 움푹 들어간 부분에 딸기 재배를 위한 배지를 설치한다. 이러한 행잉 거터를 설치함으로써 공간 활용 극대화와 노동력 절감을 기대할 수 있다. 거기에 또 하나, 모터를 이용해서 거터를 위아래로 움직이며 생장 속도를 조절할 수 있다. 그래서 요즘 일정 규모 이상의 스마트팜을 신설하는 경우, 적지 않은 초기비용을 기꺼이 부담하며 행잉 거터를 채택하는 현장이 늘고 있다.

이런 최신 설비가 구축된 스마트팜이다 보니 온습도와 양액 공급 등 재배에 필요한 모든 부분은 모두 자동화된 상태다. 이만큼의 설비를 갖추는 데 소요된 비용은 30억 원이었다. 이제 갓 서른을 넘긴 서수원 대표는 이 어마어마한 자금을 어떻게 마련했을까?

"2018년, 농림축산식품부와 농협중앙회에서 시행하는 청년농 스마트팜 종합자금 지원 프로그램에 응모해서 1위로 선정된 덕분이죠. 물론 딸기 농사를 위한 준비는 그 전부터 차근차근 해왔고요."

2018년 처음 시행된 청년농 스마트팜 종합자금 지원 프로그램은 만 40세 미만의 청년 인력 중 농업계 고등학교 혹은 대학에서 농업 관련 학과를 졸업하거나 정부가 지정한 스마트팜 청년 창업 보육센터의 교육을 이수한 자에 한해 응모가 가능하다. 그리고 서수원 대표는 바로 그 프로그램의 첫 수혜자가 되어 30억 원의 자금을 연 1%의 금리로 지원받게 됐다. 당연히 농업과 관련된 많은 매체와 기관들의 관심이 그에게 쏟아질 수밖에 없었다. 나 역시 그런 타이틀에 관심을 가진 기관의 의뢰로 그와 마주 앉게 됐던 것이 2023년 1월이었다.

"농사나 농업은 어렸을 때부터 굉장히 익숙한 분야였어요. 아버지가 농학박사시거든요. 저 역시 대학에서 시설원예학을 전공했고요. 졸업 후에는 민간 시설원예 연구소에서 근무했는데, 그때도 식물들을 돌보는 것이 좋았어요. 사람이 정성과 관심을 쏟는 만큼 보답하는 것이 식물들이거든요."

하지만 이런 정성적 경험보다 더 중요한 것은 정량적 측정과 논리적 사고다. 특히 농업은 과학적 추론이 그 어느 산업 분야보다 필수적이라는 게 서수원 대표의 설명이었다. 그가 30억 원의 지원을 이끌어 낼 수 있었던 것도 꼼꼼하고 논리적인 사업계획서가 밑바탕이 됐기 때문이다.

최첨단 시스템보다 더 중요한 것

스마트베리팜은 동일한 면적의 다른 딸기 재배 시설에 비해 두 배에 가까운 생산 효율을 올리고 있는 중이다. 앞서 설명한 행잉 거터를 비롯해서 정교하고 촘촘하게 구성된 센서들, 비닐하우스보다 더 많은 태양광을 투과시킴으로써 더 빠른 생장을 돕는 유리온실의 조합이 만들어낸 결과물이다. 하지만 서수원 대표는 "진짜 중요한 것은 따로 있다"라고 강조했다.

"저희 농장에 견학을 오시는 분들에게 항상 드리는 말씀이에요. 이렇게 큰 규모의 스마트팜이라고 해도, 사실 운영법을 익히는 것은 2시간이면 충분해요. 몇 가지 기계를 조작하고 센서들이 출력하는 측정값을 읽는 일은 누구라도 할 수 있죠. 문제는 그것들을 어떻게 조합해서 운영하느냐에 달려 있거든요."

학교에서 그리고 연구실에서 항상 딸기와 함께했던 그 역시, 막상 자신이 구축한 시설 내에서 딸기를 재배하기 시작하자 예상과 달랐던 부분이 너무 많아 상당한 시행착오를 감수해야 했다고 한다. 딸기가 예민한 작물이라는 사실은 이미 알고 있던 바였지만, 수익을 내기 위한 최고 효율의 환경을 조성하는 데는 2년이라는 시간이 필요했다고 한다. 이처럼 최적화에 필요한 시간을 조금이라도 단축하는 방법은 없을까? 서수원 대표는 "있다"라고 답했다. 작물과 진지한 대화를 나누면 된다는 처방이 뒤따랐다. 전혀 과학적이지 않은 조언이었지만, 그럼에도 서수원 대표의 얼굴은 여전히 진지했다.

"식물은 동물들처럼 자신의 상태를 표현할 수 없잖아요. 그래서 항상 세심하게 관찰해야 해요. 물론 작물에 대해 열심히 교육받고 스스로 공부하는 것도 중요한 요소죠. 하지만 작물의 생리에 대한 진정한 이해는 관찰력에서 비롯된다고 믿어요. 단순히 한번 보고 지나치는 것이 아니라 과실 하나하나의 특색과 빛깔, 윤기 등을 면밀하게 살펴봄으로써 작물의 상태가 어떤지 판단할 수 있는 수준에 이르러야 한다는 뜻이에요."

그렇다면 현재 스마트베리팜은 서수원 대표가 목표한 대로 운영되고 있을까? 5년 거치 기간이 끝나고 20년 동안의 원금 상환기간에 접어든 지금, 그의 딸기는 예상한 만큼 잘 자라고 있을까?

유리온실로 대응하는 기후변화

기후는 우리가 알고 있는 것보다 빠르게 변화하고 있지만, 도시에서 살아가는 사람들은 그 심각성을 모르는 경우가 많다. 단지 조금 더 덥다, 비가 좀 더 자주 온다, 난방비가 많이 나왔다 정도로의 감상이 전부일 뿐이니까. 하지만 농업 현장에서는 그야말로 생사의 갈림길에 서는 것과 같은 위기감을 느낄 정도다.

"유리온실은 일반적인 비닐하우스보다 외부 환경과의 차단에 좀 더 유리한 것이 사실이에요. 그렇다고 해서 완전히 격리될 수는 없어요. 다만 영향을 최소화하기 위해 노력할 뿐이죠."

서수원 대표는 "농산물 가격이 급등했던 2023년 작기를 기준으로 전년도보다 생산량이 17%가량 줄었고 운영비는 20% 증가했지만 다행히 수익은 예년과 비슷한 수준"이라는 설명을 덧붙였다. 운영비 중 많은 부분은 난방비가 차지하고 있는데, 앞으로 여름철 기온이 지금보다 더 높아지면 냉방비 지출도 염두에 둬야 하는 상황이라고 했다.

"규모가 작은 재배시설은 이런 변화가 더 심각할 수밖에 없어요. 최초 시설을 구축하는 데 소요되는 비용은 상대적으로 적지만, 난방비는 많이 들거든요. 그래서 저희 농장에 견학을 오시는 분들의 구성도 변화하고 있어요. 초기에는 농업대학에 재학 중인 학생들이나 예비 청년 창농인들이 많았다면, 지금은 단동(일반적으로 볼 수 있는 200평 내외의 비닐하우스)을 연동으로 증개축하려는 고경력 농업인들이 많이 찾고 계세요."

처음엔 그런 베테랑들, 특히 딸기에 대해 전문가급 지식을 쌓아온 이들의 방문에 잔뜩 긴장했다고 한다. 딸기에 대해 더 많은 경험을 갖고 있는 이들로부터 혹시라도 스마트베리팜의 딸기가 무시당하지는 않을까 걱정됐던 탓이다. 하지만 이제는 자신의 운영 노하우와 그들의 재배법을 적극적으로 공유하고 있다고 한다.

"오랫동안 단동을 운영하셨던 분들이 연동 전환 초기에 상당한 어려움을 겪는 경우가 많아요. 면적이 커지면 환경인자가 굉장히 달라지거든요. 그래서 단동을 운영하던 습관이나 패턴으로는 연동에서 예상한 만큼의 수확량이 나오지 않는 경우가 빈번해요. 시설재배 매뉴얼도 대부분 단동에 맞춰 제작됐기 때문에 어떤 부분을 보완해야 할지 파악하는 것도 쉽지는 않고요. 견학을 오신 분들에게 제가 가장 많이 설명하고 강조하는 부분들이죠."

단동에서 연동으로의 전환이 갖는 장점이 운영비 절감에만 국한된 것은 아니다. 수확 기간을 늘림으로써 생산량도 늘어난다. 그 기간 동안 수확하는 작물의 품질을 높일 수 있다면 수익 역시 높아질 것이라는 사실을 어렵지 않게 짐작할 수 있다. 서수원 대표가 이제 그의 농장을 찾는 '딸기 선배'들을 반기는 이유도 바로 여기에 있었다.

30억 원 투자자의 역설적 조언

새롭게 농업에 뛰어들려는, 그중에서도 스마트팜을 통해 좀 더 안정적인 수익구조를 창출하려는 청년들에게 조언을 부탁하자 서수원 대표는 좀 더 신중한 표정이 됐다.

"굉장히 역설적인 이야기겠지만, 시설에 과도한 투자를 하는 것은 별로 추천하고 싶지 않아요. 순전히 딸기에 국한된 조언이긴 합니다만, 아무리 수확기간을 길게 끌고 간다고 해도 결국은 태양광에 많은 것이 좌우되기 때문에 초겨울부터 초여름까지라는 범위를 벗어날 수는 없거든요. 다시 말해 수확할 수 있는 기간은 한정되어 있기 때문에 수익도 기하급수적으로 늘어날 수는 없다는 의미죠. 시설과 설비를 구축하는 데 30억 원이나 쓴 사람이 할 법한 조언은 아니죠?"

하지만 오히려 누구보다 큰 투자를 실제로 실행했던 사람의 조언이기에 그 무게감은 남다를 수밖에 없었다.

"농업도 결국은 규모화가 이루어져야 한다고 생각해요. 국내 농업의 현실을 고려한다면 상당히 민감한 이야기지만, 그렇다고 해서 부정할 수도 없는 사실이거든요. 물론 이제 막 새롭게 농업으로 뛰어들려는 분들에게 규모화는 너무나 비현실적인 이야기일 수밖에 없겠지만요."

서수원 대표의 설명에 따르면, 청년 창업농들 중에는 최소 1,000평의 시설을 계획하는 경우도 적지 않다고 한다. 관행농 기준으로 혼자 농사를 짓는다는 조건에서는 이 정도 면적 역시 상당한 규모라고 할 수 있다. 하지만 스마트팜이 보편화되면서 600평 정도면 혼자 딸기 농사를 짓기에 딱 적합하다고 한다. 그래서 1,000평은 부부 혹은 파트너와 창농을 하는 이들에게 가장 적합한 면적이라는 설명도 이어졌다.

"재배 면적을 넓히는 데 한계가 있는 또 하나의 중요한 이유는 사람을 구하는 게 쉽지 않기 때문이에요. 코로나19 사태 당시 모든 농가가 똑같은 어려움을 겪었고 아직도 그 후유증에서 쉽게 헤어 나오지 못하고 있는 상태죠. 그나마 농번기에 한시적으로 외국인 근로자를 합법적으로 고용할 수 있는 외국인 계절근로자 프로그램이 있어 한시름 덜긴 했지만, 상황은 언제 어떻게 변할지 모르니까요."

그래서 재배와 출하가 아니라 가공품 제조나 체험 등을 융합한 6차산업을 목표로 창농하는 것이 더 높은 부가가치를 창출할 수 있는 방법이 될 것이라고 했다.

“농업으로 수익을 내기 위해서는 단순히 잘 키우는 것을 목표로 하면 안 돼요. 농업이라는 산업의 구조에 대해서 잘 파악해야 할 뿐 아니라, 어디에, 어떻게 납품할 것인지 최대한 구체적인 계획을 세우는 것이 중요해요. 그러기 위해서 무엇보다 중요한 것이 입지라는 것을 잊지 말아야 하고요.”

단순히 볕이 잘 들고 지하수를 구하기 쉬운 곳을 찾아야 한다는 뜻은 아니었다. 자영업을 시작하려는 이들이 ‘목 좋은 곳’을 찾듯이 물류 접근성이 좋은 곳을 찾는 것이 무엇보다 중요하다고 강조했다. 실제 스마트베리팜이 위치한 담양은 딸기가 서울로 올라갈 수 있는 남방한계선과 비슷하다. 딸기처럼 과육이 무른 과일은 유통과 운송 과정에서 손상 위험이 높아 생산지와 소비자 사이의 거리가 중요하기 때문이다. 광주광역시 이남에 위치한 영암, 강진, 해남 등지에서 재배한 딸기는 대부분 인근 최대 도시인 광주광역시에서 소비되거나 혹은 자체 소비되는 것이 일반적이라고 한다. 어느 쪽에서의 시세가 더 좋을지는 굳이 설명하지 않아도 될 것이다.

그렇다면, 철저한 사전 계획과 함께라면 농업에서 경쟁력을 갖출 수 있을까?

"농업은 아무리 노력해도 변수를 줄이는 데 한계가 있는 산업이에요. 인간의 힘으로는 어쩔 수 없는 자연이 바로 그 변수니까요. 게다가 똑같은 상황에서도 처해 있는 주변 환경이 다르고 경영자의 성향도 다르다 보니 표준화도 쉽지 않죠. 똑같아 보이는 딸기라고 해도 그 성장과정은 천차만별이에요. 그래서 중요한 것이 정부지원을 통해 편차를 최대한 줄이는 노력이고요. 물론 이렇게 지원을 많이 받는 분야를 과연 산업이라 부를 수 있느냐 하고 생각하는 분들도 계시겠지만, 전 세계 모든 나라가 농업에 대해 지원을 하고 있어요. 농업 선진국이라 부르는 미국과 일본, 유럽에서 이루어지는 농업과 농업인들에 대한 지원은 국내의 그것보다 훨씬 더 큰 규모고요."

서수원 대표는 "지금과 같은 추세로 기후 변화가 극심해진다면 냉방과 인공광원에 대한 지원이 필수적일 것"이라고 예상했다.

농업인들 스스로 준비해야 할 부분도 많다는 사실을 강조하는 것도 잊지 않았다. 특히 정책이 달라지거나 지원 내용이 달라질 때마다 자신에게 영향을 미치는 부분을 정확히 파악하는 것이 중요하다고 했다. 그래야 변수를 줄이며 조금이라도 더 높은 수익을 기대할 수 있기 때문이다.

"스마트베리팜은 2024년 4월부터 원금 상환을 시작했어요. 원래 정해진 대출 기간대로라면 2044년에 상환을 완료해야 하지만, 지금 경영 상황대로라면 2040년에 30억 원의 원금을 모두 갚을 수 있으리라 예상하고 있고요. 그때가 오기만 기다리면서 열심히 일하고 있는 중이지요."

가동한 지 6년이 지났지만 단 한 번의 문제도 없이 운영되는 중이라는 유리온실로 향하는 서수원 대표의 뒷모습에서는 이제 도전자가 아닌 안정적인 농장을 운영하는 경영자의 분위기를 어렵지 않게 느낄 수 있었다. 아직 신선함만 가득했던 그의 농업이 이제는 차츰 깊이 익어가고 있음을 뜻하는 순간이었다.

〈스마트베리팜〉 키워드

1. **큰 꿈을 키울 수 있는 청년농업인 스마트팜 대출 :** 자연이 만들어내는 가혹한 변수에 더 효율적으로 대응하기 위한 스마트팜은 이제 농업의 대세가 됐다. 가장 널리 보급된 것은 시설재배 스마트팜이지만, 과수 등 특정 작물에 대해서는 노지 스마트팜도 빠르게 구축 중이다. 다만 이러한 스마트팜을 새롭게 조성하는 데는 상당한 자금이 필요한 반면, 이제 막 농업인이 되려는 청년들에게는 그만한 자금이 없다. 그래서 만들어진 프로그램이 청년농업인 스마트팜 대출이다. 동일인당 30억 원 이내의 대출이 실행되지만, 서수원 대표가 수혜자였던 첫 해와는 달리 총 사업비의 90% 이내(10억 원 이하 시설자금은 100%, 10억 원 초과 15억 원 이하는 95%)로 지원조건이 변경됐다. 대출 금리는 시설 개보수에 사용 시 1% 고정, 운전에 사용 시 1.5% 고정 혹은 변동금리를 선택할 수 있다. 자세한 내용은 스마트팜코리아의 홈페이지를 참고하자(www.smartfarmkorea.net).

2. **전혀 다른 공간, 단동과 연동 :** 비닐하우스의 면적은 작물이나 주변 환경에 따라 조금씩 달라지지만, 일반적으로 200평 정도다. 이 정도 비닐하우스가 표준적이기 때문에 자재비나 시공비용도 전국적으로 거의 비슷하다. 단동 비닐하우스는 설치비용이 저렴하고 안정적인 구조를 갖게 되지만, 높이가 낮고 두 동 이상을 나란히 짓게 되면 공간 활용도가 떨어지며 난방에도 불리하다. 연동은 기둥 역할을 하는 두꺼운 파이프를 가운데 두고 그 위에 반원형 서까래 파이프를 양쪽으로 얹어 지붕으로 삼는 형태다. 단동보다 높이 지을 수 있어 재배할 수 있는 작물의 숫자가 많고 공간 활용도도 높다. 특히 다양한 설비를 추가할 수 있어 스마트팜으로 운영하기에 적합하다. 다만 건축 시 더 많은 자재와 인원이 필요하기 때문에 비용이 증가한다는 단점이 있다. 다시 말해, 지금 새롭게 농업을 시작해야 하는 상황이라면, 연동형 비닐하우스를 선택하는 것이 최선이라는 의미다. 비용 외에는 단점이 없으니까.

3. **농사에서도 절대적인 요소, 입지 :** 무엇인가를 판매하는 이들에게 입지는 절대적인 요소다. 농업 역시 예외일 수는 없다. 아니, 오히려 더 중요하다. 특히 물류와 밀접한 관계를 맺고 있기에 큰 시장으로의 접근성이 좋아야 한다. 대형 트럭이 오갈 수 있는 곳에서 농사를 지을 수 있다면 더할 나위 없이 좋다. 만약 수요가 큰 시장으로 출하할 만큼의 물량을 재배할 수 없는 상황이

라면, 주변의 상황을 면밀히 살펴야 한다. 농협 혹은 지자체에서 운영하는 로컬푸트마켓에 납품하거나 인근 도시의 카페나 빵집 등과 직거래할 수 있는 방법을 찾는 것이 좋다. 무엇보다 중요한 점은 자신이 재배하고자 하는 작물의 산지로 유명한 곳에서 재배를 시작해야 한다는 점이다. 서수원 대표가 스마트베리팜을 담양에 세운 것 역시 국내 3대 주산지 중 한 곳으로 손꼽히는 담양의 후광을 십분 활용하기 위함이었다.

〈스마트베리팜〉 생생 취재 후기

– 딸기 재배 유리온실 신축을 위해 투자금 30억 원 전액 투입. 다양한 농업 현장을 다녔지만, 이 정도 스케일을 이 정도로 '시원하게' 사용한 사례는 접해본 기억이 없었다. 게다가 검색창에 이름을 적고 검색 버튼을 눌렀을 때 서수원 대표만큼 많은 기사가 검색된 농업인 역시 흔치는 않았다. 그래서 인터뷰를 위해 담양으로 향하던 길은 호기심과 기대로 가득 찼던 기억이 지금도 생생하다. 그리고 마침내 도착한 스마트베리팜에서 그동안 봐오던 것과는 전혀 다른 위용의 유리온실을 보고 감탄할 수밖에 없었다. 하지만 겉에서 보이는 것은 그다지 중요하지 않았다. '진짜'는 안에 있었다. 흙이라고는 찾아볼 수 없게 꼼꼼히 포장된 실내에는 대형 트럭이 자유롭게 출입할 수 있을 정도로 넓은 작업 공간이 있었고, 그곳과 격리된 재배시설을 유리를 통해 확인할 수 있었다. 청년의 패기로 가득한 공간이라는 생각이 드는 것도 무리는 아니었다.

– 서수원 대표에게 식물과 농업은 그가 무엇보다 좋아하는 대상이자 일이었다. 그래서 오랫동안 공부했고 다루었지만 자신만의 노하우로 재배하는 데는 어려움이 적지 않았다. 농학박사인 아버지와 재배방법을 두고 다투기도 여러 번이었다고 한다. 그런 과정을 거치며 시스템을 안정화키는 데 걸린 2년은 30억 원이라는 빚을 등에 진 채 적자를 감수해야 하는 시간들이었다. 그런 고통과 인내의 시간을 이기게 해준 것은 오직 작물을 보는 데서 오는 즐거움이었다고 한다. 그래서 서수원 대표는 "식물을 사랑하는 사람이 체계적인 교육을 받고 경험을 쌓는다면 충분히 경쟁력을 가질 수 있을 것"이라고 자신 있게 이야기했다. 식물에 대해 무감한 편인 내게는 해당사항이 없어 상당히 아쉬운

조언이기도 했다.

– 농업의 규모화는 모두가 그 필요성을 인정하면서도 쉽게 이야기를 꺼내기 힘든 주제다. 국내 농업의 가장 큰 문제를 파편화라고 지적하는 전문가들도 상당히 많지만, 현실적인 이유로 인해 그 해결책을 제시하는 데는 한계가 있다. 실제 취재를 위해 농업 현장을 찾아다니다 보면 '이런 데서도 농사를 다 짓네'라는 생각이 드는 곳을 종종 만나게 된다. 길이 좋지 않으면, 그리고 그곳에서 생산하는 작물의 양이 많지 않으면 물류비용은 자연스럽게 증가할 수밖에 없고, 이는 곧 소비자의 부담으로 전가된다. 하지만 대기업이 농업에 진출하는 데는 기존 농업인의 반대가 만만치 않다. 현재 국내 농업인의 다수를 차지하고 있는 고령의 농업 인구들이 더 이상 농사를 지을 수 없게 된다면 그 농지들은 어떻게 될까? 농지를 한 데 묶어 규모화함으로써 농업 생산성이 높아진다면 중견 기업과 비슷한 수준의 초봉을 받으며 작물 재배에만 전념하는 전문 재배사 등의 직업도 늘어나는 등 농업으로 진출할 수 있는 더 많은 기회가 생기겠지만, 고령 농업인의 사후 토지 소유권을 상속받게 되는 이들의 셈은 모두 다를 것이 분명하다.

– 농업선진국에서 유학과 연수 경험이 있는 서수원 대표는 "3만 평 정도의 온실을 가족이 경영하는 경우가 많다"라고 했다. 그 면적도 놀랍지만, 중요한 것은 가족이라고 해도 각자 맡은 역할에 대해서는 전문성을 존중해주는 분위기였다고 한다. 반대로 국내 농업 현장에서는 가족이기에 감정적이거나 권위적일 수 있는 상황이 많이 펼쳐지는데, 효율적 운영에 상당한 걸림돌이 된다는 것을 기억해야 한다는 조언이 뒤따랐다.

전문가에게 듣다 - "농업으로 더 큰 부가가치를 창출하는 방법은?"

창농, 쉽지는 않아요.
하지만 도전할 가치는 충분합니다

전라남도 청년창농타운 정현철 팀장

출처 : 저자 제공

귀농은 이제 모두에게 익숙한 말이지만, 창농이라는 단어는 처음 접하는 이들이 적지 않을 것이다. 농사를 잘 짓는 데서 더 나아가 그 생산물을 통해 더 높은 부가가치를 창출할 수 있는 경영활동까지 아우르는 개념이 바로 창농(創農)이다.

물론 아직까지는 이러한 개념이 널리 확산되지는 않았다. 중앙정부의 도움 없이 전라남도 단독으로 지원하고 있는 활동이기 때문이다. 하지만 전라남도 청년창농타운의 정현철 팀장은 머지않아 새롭게 농업으로 진입하려는 모든 이들이 "지역과 연령을 막론하고 귀농이 아닌 창농을 선택해야 한다"라고 힘주어 말했다.

Q. 창농이라는 개념이 생소합니다.

A. 앞으로의 농업은 인공지능의 판단 아래 인간의 개입이 최소화된 형태로 이루어질 것입니다. 2018년부터 네덜란드에서 개최되고 있는 세계농업인공기능경진대회에서 쟁쟁한 전문가들로 구성된 인간팀이 인공지능을 이긴 적은 단 한 번도 없을 정도거든요. 다시 말해 농사를 짓는 기술보다는 기업을 운영하는 것처럼 농업을 운영하는 전문 경영 마인드가 훨씬 더 중요해진다는 의미죠.

Q. 국내 농업 현장에 경영이라는 개념을 접목시키는 것이 쉬운 일일까요?

A. 국내 산업 대분류상 농업 소득은 최하위권에 머물러 있고 해가 갈수록 그 격차가 심해지고 있는 것이 사실입니다. 자의든 타의든 농업을 농사에만 국한시켰던 과거의 관행이 큰 영향을 끼쳤지요. 하지만 앞으로는 다른 산업에서의 창업 개념을 농업에 이식함으로써 혁신적인 창업가와 혁신적인 아이템이 발굴될 것으로 기대하고 있습니다. 그런 사례들이 늘어나면 농업도 부가가치가 높은 산업으로 성장할 테고요. 저희 청년창

농타운은 그 혁신이 시작되는 토양으로서의 역할을 하고 있습니다.

Q. 청년창농타운에 대해 좀 더 자세히 설명해주세요.

A. 2019년부터 설립을 추진했고, 2020년 착공을 시작해서 이듬해 7월부터 입주가 시작됐습니다. 비닐하우스 한 동을 연간 30만 원 내외로 임대할 수 있는 경영실습임대농장과 식품가공관련 장비 130여종을 구비해서 자유롭게 사용할 수 있는 가공공장도 준비해두었고요. 실제 경영실습임대농장을 통해 3년 동안 올린 1억 원의 수익을 바탕으로 창농에 성공해서 총 10억 원 이상의 자산을 형성한 사례도 있습니다.

올해(2024년)부터는 식품가공과 관련된 전문가를 채용해서 더 다양하고 활발하게 장비를 활용하고 있습니다. 사전 교육을 받은 신청자에 한해서 언제든 무료로 사용도 가능하고요. 덕분에 올해는 6개의 신제품을 출시할 수 있었습니다.

Q. 전국적으로 처음 만들어진 기관이다 보니 사전 벤치마킹도 많이 진행하셨을 텐데요.

A. 기능적 측면에서 보면 농업정책보험금융원이나 한국농업기술진흥원에서 비슷한 지원이 이루어지고 있었습니다. 하지만 지자체에서 직접 주도하는 사례는 처음인 것이 맞습니다. 그러다 보니 겪게 되는 고충도

있었는데요. 무엇보다 창업이라는 개념을 농업에 어떻게 접목시킬지 막막했습니다.

벤치마킹을 위해 IT밸리로 유명한 판교 일대, 중소기업진흥공단에서 운영하고 있는 청년창업사관학교, 서울시에서 지원하고 있는 서울창업허브와 서울먹거리지원센터, 농협에서 운영하고 있는 귀농학교 등 많은 기관과 장소들을 방문했습니다. 돌아보면 볼수록 농업과 다른 산업의 차이를 더 절감할 수 있었지요. 무엇보다 투자 프로그램이 활발하게 운영되고 있는 부분이 인상적이고 부러웠습니다. 투자를 받기 위해서는 정확한 데이터를 제시할 수 있어야 하는데, 기존 관행 농업은 그런 부분에서 한계가 명확했으니까요.

Q. 청년창농센터의 분위기가 세련된 것도 당시 벤치마킹 덕분인가요?

A. 표면적이지만 중요한 문제 중 하나가 농업의 이미지가 촌스럽다는 데 있습니다. '농'자만 들어가면 모두 촌스러워질 정도라고 하는 사람들도 있을 정도로요. 창업자와 투자자에게는 한 분야의 이미지도 상당히 큰 역할을 하기 마련입니다. 그런 느낌을 최대한 바꾸기 위해 인테리어에 공을 들였습니다.

Q. 여전히 창농과 귀농을 헷갈리는 분들이 계실 텐데요.

A. 맞습니다. 그래서 귀농상담을 위해 연락을 주시는 분들도 계세요. 아무래도 창농이라는 말이 신조어인데다 귀농과 혼재해서 사용하는 경우가 많기 때문이라고 짐작합니다. 창농은 '농업의 부가가치를 높이고 일자리 창출을 위해 농업·농촌과 연계한 산업의 창업'으로 조례상 규정해 놓았기 때문에 저희는 주로 농업 관련 2, 3차 산업과 관련된 창업을 지원하는 업무를 담당하고 있다고 설명드리지만, 바로 이해를 못하시는 경우도 적지 않습니다.

Q. 현재 입주 현황에 대해 설명 부탁드립니다.

A. 2021년 입주기업 50명을 포함한 회원 239명으로 시작해서 매년 40~70%의 회원 증가세를 기록하고 있습니다. 2024년 현재 입주기업 49명을 포함해 784명이 회원으로 등록되어 있고요. 가파른 성장세를 통해 도민들의 관심이 어느 정도인지 짐작할 수 있습니다. 농업 관련 창업 전문 프로그램을 더욱 고도화한다면 목표로 했던 회원 수 2,000명에 곧 도달할 수 있을 것으로 예상하고 있습니다.

Q. 입주를 희망하는 청년들로부터 발견되는 공통점도 있을까요?

A. 무엇보다 인적 네트워킹에 목말라한다는 점입니다. 창업은 독자적인 생태계가 구축되어야 원활하게 성장할 수 있는데, 전라남도 안에서는 창업과 관련된 생태계 환경이 열악한 편입니다. 그러다 보니 절대적인 투자금액도 낮을 수밖에 없고요. 저희 청년창농센터에서는 그러한 어려움을 조금이라도 해결하기 위해 전남 안에서는 물론이고 전국적으로 다양한 전문가들과 투자자들을 유치하는 데 많은 노력을 기울이고 있습니다.

그러다 보니 자연스레 네트워킹 데이가 진행될 때면 참여율이 상당히 높습니다. 올해만 4번의 네트워킹 데이를 준비한 것도 그런 이유 때문이고요. 그런 기회를 통해 아이템을 어떻게 고도화할 수 있을지, 창업 이후 투자금을 어떻게 유치할 수 있을지 의견을 나누고 지식을 얻을 수 있습니다.

Q. 그 외에도 호응이 높은 프로그램을 소개해주세요.

A. 스타트업 지원사업과 스케일업 지원사업, 가공상품과 교육 등이 대표적입니다. 아무래도 기존의 농업 관련 기관에서는 진행하지 않았던 교육들이라는 점이 메리트로 작용하고 있다고 판단하고 있습니다.

Q. 전문가 혹은 강사를 섭외하시는 데는 어떤 기준이 있는지 궁금합니다.

A. 전국에서 자문단을 모집해 운영 중인데, 여러 기관들로부터 추천을 받아 트렌드에 잘 맞는 분들을 모시는 한편, SNS 등 최신 정보가 유통되는 플랫폼도 항시 주시하고 있습니다. 다만 수도권과 거리가 멀다는 것이 약점으로 작용할 때가 있어 안타까운 경우가 종종 있지요.

Q. 청년창농타운을 통해 모범적으로 성장한 스타트업을 소개해 주세요.

A. 장성군에 위치한 테라웨이브를 꼽을 수 있겠네요. 문영철 대표님이 8년 전부터 새싹삼을 재배하며 운영하고 있는 곳인데, 더 효율적인 재배를 위해 자체적으로 테라큐브라는 스마트팜 챔버를 개발한 곳이기도 합니다. 테라웨이브의 스마트팜 챔버는 기존의 스마트팜 시스템보다 훨씬 우수한 성능을 보이고 있는데, 2024년 7월 현재 청년창농타운의 스케일업 지원사업의 일환으로 투자 유치 역량강화 컨설팅을 진행 중입니다. 올해 안으로 성공적인 투자 유치가 가능할 것으로 예상하고 있고요. 매출액은 아직 2억 원이 안 되지만 이미 수출 실적도 갖고 있을 만큼 성장 가능성이 높습니다.

Q. 청년창농타운 입주를 희망하는 청년들이 미리 염두에 둬야 할 부분은 무엇일까요?

A. 창업에 있어 가장 중요한 부분 중 하나는 창업자의 역량입니다. 아이템도 중요하지만, 그것을 사업화할 수 있는 역량개발에 소홀하면 안 된다고 생각합니다. 아울러 농업 관련 창업자에게 가장 부족하다고 생각하는 부분은 기업가 정신인데요. 당장 눈앞의 상황이 아니라 큰 비전을 갖고 더 먼 미래를 바라보며 혁신적인 아이디어와 아이템을 구상하길 바랍니다. 그런 분들이 청년창농타운의 도움을 받는다면 단기간에 빠르게 성장할 수 있을 것이라고 확신합니다.

Q. 청년창농타운의 비전에 대해 말씀을 부탁드립니다.

A. 저희가 만들어낸 모델이 농산업 창업 표준모델로 전국에 확산되길 바라고 있습니다. 농업 관련자와 기관이 창업의 개념을 숙지하고 이를 모든 업무영역에 적용시키면 농산업 창업 생태계는 빠르고 건강하게 형성될 것이라고 생각합니다. 그리고 그 새로운 생태계는 저부가가치 산업의 대명사였던 농업을 새로운 패러다임의 고부가가치 산업으로 전환시키는 역할을 할 테고요. 저희 청년창농타운은 그런 변화를 이끌어가는 선두주자로서의 역할을 충실히 수행하겠습니다.

없으면, 만들면 되지 않겠어요?

테라웨이브농업회사법인(주)

출처 : 저자 제공

요즘 초등학생들도 '필요는 발명의 어머니'라는 말을 알고 있을까? 공업을 통해 나라를 부강하게 만들자는 '공업입국'의 기치 아래 1980~1990년대 초등학생들은 에디슨 위인전을 읽으며 숱한 발명대회에 참가하곤 했다. 한 사람의 아이디어가 세상을 변화시킬 수 있다는 격려가 참 많았던 시대였던 것으로 기억한다.

하지만 시간이 흐르며 많은 분야에서 전문가들이 양성됐고 그에 따라 전문 지식과 기술이 빠르게 고도화됐다. 그래서 하나의 아이디어를 실제 제품이나 서비스로 구체화하기 위해서는 세밀한 기획과 상당한 자본이 필요한 시대가 됐다. 이미 1990년대 후반부터 시작된 시대적 흐름이었다. 한 사람의 아이디어가 새로운 무언가를 만들어내는 것은 불가능한 때에 이르렀다.

처음부터 농사만 지으려고 했어요

농업 현장을 돌아다니다 보면 개개인의 출발선이 상당히 다르다는 사실을 새삼스레 깨닫게 되는 경우가 많다. 물론 사람들의 배경이 모두 똑같을 수 없는 것은 당연한 일이지만, 재배 혹은 축산을 위해 반드시 필요한 물리적 요소들은 예상보다 큰 차이를 만들어낸다. 실제로 농업 인구는 줄어드는 반면, 그리 많지 않은 승계농이 보유한 유무형의 자산은 더 커지는 경향이 관찰되고 있다. 규모의 경제가 이루어지고 있는 벼 농사와 축산 분야에서는 이러한 현상이 더욱 두드러진다.

이렇게 출발선에서부터 차이가 발생하다 보니 승계농이 아닌 청년이 농업으로 사회생활을 시작하는 경우는 굉장히 적을 수밖에 없다. 전라남도 청년창농타운에서 우수 사례로 손꼽히는 테라웨이브농업회사법인㈜의 문영철 대표는 그런 희귀한 사례 중 한 명이었다.

"새싹삼 농사에 대해 소개하는 TV 프로그램을 접했는데, 괜찮아 보였어요. 남들이랑 비슷하게 직장생활을 하다 보면 머지않아 곧 노후를 걱정해야 하는 순간이 올 텐데, 나만의 아이템을 통해 미리 길을 잡자는 생각을 했던 것이죠."

전라남도 장성군에서 나고 자랐지만, 문영철 대표 주위에는 농사를 짓는 사람이 없었다. 그러니 부모님을 포함한 주위 사람 모두가 그의 선택을 반대하는 것이 당연했다. "손에 흙 한번 안 묻혀 본 애가 무슨 농사냐"라는 말이 그렇게 큰 설득력을 갖는 경우도 없었을 것이다. 그럼에도 문영철 대표는 뜻을 굽히지 않았다.

"새싹삼 농사를 짓기 위한 준비는 모두 전라남도에서 시행하는 지원 사업을 통해 이뤄졌어요. 농사에 대한 가장 기초적인 교육부터 자금 지원까지요. 덕분에 농사를 시작하는 데에는 어려움이 없었습니다."

새싹삼은 보통 대형음식점 등에 납품되는 것이 일반적인 판매 경로다. 요즘은 온라인을 통한 직거래도 많이 이루어지고 있지만, 문영철 대표가 이제 막 농사를 시작하던 2015년만 해도 소매 규모는 크지 않았다고 한다. 제때 납품만 할 수 있다면 판매에는 큰 변수가 생기지 않는 상황이었다. 그런데 변수가 생겼다.

첫 해에 심은 새싹삼은 예상대로 잘 자랐지만, 이듬해부터는 죽어버리는 새싹삼이 많아지기 시작했다. 방법을 찾기 위해 여러 전문가를 초빙했다. 하지만 전문가들의 처방 중 문제 해결에 도움이 된 것은 단 하나도 없었다. 그러는 사이에도 새싹삼은 계속 죽어나갔다. 문영철 대표는 해결방법을 찾기 위해 직접 밖으로 나섰다.

현장에서 답을 찾아 돌아오다. 하지만…

문영철 대표는 같은 작물을 재배하고 있는 선배 농가들을 찾았다. 현재 겪고 있는 문제에 대해 상세히 설명하며 해결방법에 대한 자문을 구했다. 일반 인삼 농가도 여러 곳을 찾았다. 결국 똑같은 삼이기에 도움이 되는 조언을 들을 수 있을 것이라는 생각 때문이었다. 그리고 마침내 해답을 찾았다.

문제는 물빠짐 관리, 그동안 문영철 대표는 산에서 직접 퍼온 흙에 새싹삼을 심었다. 산의 흙, 그중에서도 사람이 삽으로 퍼낼 수 있을 정도의 표토층에는 잘게 부서진 다양한 부식물들이 쌓여 있다. 그리고 이 부식물들은 수분을 잡아두는 힘이 강하다. 문영철 대표는 그 위에 정기적으로 물을 줬다.

물론 표토라고 해서 모든 수분을 언제까지고 잡아둘 수 있는 것은 아니다. 자연 상태라면 햇볕과 바람에 노출됨으로써 물기는 자연스레 사라진다. 하지만 새싹삼을 재배하는 어두운 실내에서는 습기의 대부분이 저장됨으로써 뿌리를 썩게 만드는 요인으로 작용하게 된다.

'흙은 다 비슷할 것'이라고 지레짐작한 초보 농업인의 실수가 애꿎은 새싹삼 모종만 죽이고 있었던 셈이다. 그래서 당장 모든 흙을 물빠짐이 좋은 상토로 바꿨다. 그 결과 원하는 대로 새싹삼이 자라기 시작했다. 이것으로 문영철 대표의 문제가 모두 해결된 것은 아니었다. 새싹삼 농사에 겨우 익숙해질 무렵, 코로나19 사태가 터졌다.

"사람을 구할 수가 없었어요. 거기에 전기요금도 급격하게 인상됐고요. 새싹삼을 재배하는 데 가장 결정적인 요인들의 비용이 커지다 보니 가격경쟁력이 낮아질 수밖에 없는 상황이었습니다. 아니, 아예 재배 자체가 힘들었죠."

새싹삼은 음지형 식물이지만, 줄기가 빛을 향해 나아가는 성질은 양지형 식물과 똑같다. 공간 활용도를 높이기 위해 2단으로 선반을 짜서 새싹삼을 키우다 보면, 아래쪽에 놓인 새싹삼만 더 빨리 자라게 된다. 광원이 멀리 있기 때문에 조금이라도 더 가까이 가기 위함이다. 하지만 줄기가 길어지면 새싹삼의 주요 상품이 되는 잎은 작아진다. 흡수한 양분이 줄기를 구성하는 데 사용되기 때문이다. 그래서 새싹삼의 위치를 바꿔주는 것이 농사에 있어 가장 중요한 요소일 수밖에 없다.

이 일은 모두 외국인 근로자들이 도맡아 하고 있었다. 코로나19 사태로 외국인 근로자들이 모두 자국으로 돌아가기 전까지는 말이다. 여기에 전기요금까지 두 배 가까이 상승했으니 문영철 대표를 포함한 모든 농가는 갑작스런 어려움에 처할 수밖에 없었다.

그래서 생각한 것이 스마트팜이었다. 새싹삼의 위치를 주기적으로 바꿔주면서도 최적의 성장환경을 유지할 수 있는 스마트팜이 있다면 인력과 전력을 덜 쓰면서도 새싹삼을 더 많이 수확할 수 있겠다고 생각했다.

그래서 농업, 농기계와 관련된 박람회는 모두 찾아다니며 자신이 원하는 형태의 스마트팜이 있는지 확인했다.

“없더라고요. 컨테이너 박스 형태의 스마트팜들은 많이 출시됐지만, 그 안에서 사람이 일일이 작업을 해야 하는 것은 동일했어요. 그럼 메리트가 없는 거죠. 그래서 기계나 설비 제작하는 분들을 찾아다니면서 제가 구상하는 스마트팜에 대해 말씀드리고 견적을 내달라고 했어요. 그랬더니 컨테이너 박스랑 비슷한 크기 하나에 2억 원 정도 소요될 것이라고 하더라고요. 그 이야기를 듣고 ‘차라리 내가 만들고 말지’라고 생각했습니다.”

새싹삼 농사를 짓던 문영철 대표의 스마트팜으로의 도전은 그렇게 시작됐다.

새로운 시대를 위한 새로운 스마트팜

일반적으로 스마트팜은 두 가지로 나뉜다. 대형 온실에 다양한 센서를 여러 개 설치해서 일조량, 양액, 온습도 및 이산화탄소 농도 등을 조절하는 방식이 가장 대표적인 사례다. 또 한 가지는 외부와 최대한 차단되는 작은 규모의 재배환경을 조성하고 그 안을 모니터링하며 온습도를 조절하는 방식이다. 전자는 딸기나 토마토 같은 과채류를 대규모로 생산하는데 많이 사용되고 후자는 부가가치가 높은 작물, 특히 햇볕이 많이 필요치 않은 음지성 작물을 재배하는 데 유용하다.

문영철 대표가 바라던 스마트팜은 후자에 순환 기능을 더함으로써 새싹삼이 골고루 자라는 한편, 수확하는 사람 역시 한 자리에 서서 돌아오는 새싹삼을 꺼내기만 하는 형태로 제작된 것이었다. 앞서 설명한 것처럼 시판하는 곳도, 제작해주겠다는 곳도 없었다. 기계에 대해서는 아무런 지식이 없던 문영철 대표는 누군가의 힘을 빌어야 했다.

"장성군에서 도움을 많이 받았습니다. 전라남도 차원의 도움도 컸고요. 제가 원하는 스마트팜의 가능성에 대해 충분히 이해하고 실제 제작에 필요한 부분들을 구체화하고 기능을 구현하는 데 함께 고민해주셨거든요."

막연한 기획으로만 끝날 수도 있었던 새로운 스마트팜은 그리 길지 않은 설계와 제작 기간을 통해 실물로 완성됐다. 문영철 대표가 원하던 대로, 문을 열면 새싹삼들이 천천히 위 아래로 순환 이동을 하며 사람에게 다가오는 것을 볼 수 있다. 사람은 원하는 만큼 성장한 새싹삼을 자리에서서 바깥으로 빼내기만 하면 된다.

스마트팜을 구성하는 자재는 냉동 창고에 들어가는 것을 사용했다. 컨테이너에 단열재를 부착한 것보다 월등한 단열 성능을 자랑한다. 덕분에 냉난방 비용은 1/20로 감소했고 인건비는 절반 수준으로 낮출 수 있었다. 동일면적 대비 생산량은 10배로 늘어났다. 전에 없던 획기적 전환점이 만들어진 셈이었다.

“이렇게 완성된 스마트팜에 대해 관심을 갖는 분들이 적지 않았죠. 한 번은 새싹삼을 구입하기 위해 농장을 찾아오셨던 손님이 저희 스마트팜을 보고 인상 깊으셨는지 거래하고 있는 일본 회사에 이야기를 하셨다고 해요. 그 이야기를 들은 일본 회사에서는 두 번이나 장성을 찾아 실물을 보고 이것저것 확인한 뒤 한 대를 주문해갔고요.”

아직 본격적인 제품 홍보에 나서기도 전인 2023년에 있었던 일이다. 하지만 향후 수출은 당분간 진행되지 않을 예정이라고 했다.

“2024년 전라남도에서 선정한 청년농업인 창업 스케일업 지원사업에 선정되어 도지사님을 비롯해 여러 관계자들을 만났거든요. 그 자리에서 ‘기술을 고도화하고 특허방어에 만전을 기한 후 본격적인 수출을 시작하자’라는 제안을 받았고 저 역시 그 말씀이 타당하다고 생각했습니다.”

문영철 대표에게는 자부담 25% 조건으로 총 1억 5,000만 원이 지원될 예정이다. 그리고 이 지원금은 전액 새로운 기술을 위한 연구개발과 특허출원에 사용될 예정이라고 했다. 특히 특허출원과 등록에는 한 건당 최소 1,000만 원이 소요되기 때문에 큰 힘이 됐다는 말도 덧붙였다.

"농업은 지금보다 더 쉬워질 수 있다고 생각합니다. 더 안전해야 하고요. 많은 부분이 기계화되고 있지만 그 기계로 인한 인명사고 발생빈도가 낮지 않아요. 그런 부분들을 하나씩 제거하고 개선해 나간다면 더 많은 사람들이 농업을 선택할 수 있을 것이라고 생각합니다."

아직도 세상에는 더 나아질 수 있는 부분들이 존재한다. 농업은 더더욱 그러하다. 그래서 도전의 여지와 성공의 가능성은 다른 어느 분야보다 높다는 것이 문영철 대표의 생각이었다. 나 역시 그 생각에 공감하는 사람 중 한 명이며, 필요는 발명의 어머니라는 격언이 여전히 유효하다고 믿는 1980년대 어린이기도 하다.

생활공간으로서, 콘텐츠 생산의 원천으로서 시골은 의외로 매력적이다. 물론 이 의견에 동의하지 않는 사람이 많을 것이라는 것은 잘 알고 있다. 모든 것이 과잉된 도시에서 생활하던 이들에게 시골은 잡초와 벌레, 필요 없는 관심을 제외하면 모든 것이 부족해보이는 곳일 테니까. 하지만 바로 그 '도시에 없는 것들'로 인해 시골은 가치가 높다고 생각하는 이들도 많다. 그들은 농업이라는 울타리를 넘나들며 도시인들에게 생경한 혹은 희귀한 경험을 제공하고 있다. 그럼으로써 스스로의 삶의 가치를 찾으며 그 만족스러운 경험을 더 많은 이들과 공유하려 한다. 농산물이 물리적 영양분이라면, 농촌은 정서적 치료제가 될 수 있다. 그렇게 믿고 있는 사람들이 결코 적지 않다.

5장 I 그냥 시골에서 사는 건 안 되나?

괴산에서 만난 인생의 '언젠가'

목도사진관

출처 : 저자 제공

자연스럽게 시작한 도시 여자의 시골살이

운명을 믿지는 않지만 천성은 존재한다고 생각한다. 기질, 성격, 성향 등 여러 요소가 복합적으로 작용하는 천성은 아무리 억눌러도 결국 한 사람의 선택에 있어 많은 부분을 좌우하는 요소로 작용하기 마련이다. 내가 회사에 다니기 싫어하는 것처럼, 아내가 사람 많고 복잡한 곳을 싫어하는 것처럼 그저 타고나기를 그렇게 타고난 부분들이 있다.

도시는 그런 천성들에 인내를 요구하는 공간이다. 원하는 대로 행동하기에는 사람이 너무 많고, 원하는 대로 생각하기에는 너무 정신이 없다. 도시에서의 삶이 성격과 맞지 않는다는 사람들 중 많은 수는 결국 자신의 천성대로 살아가지 못하는 데서 발생하는 스트레스로 인해 피로감을 느끼고 있다고 해도 과언은 아닐 것이다.

하지만 보이지 않는 도시의 테두리는 몹시 깊고 단단하기 때문에, 빠져나가기도 힘들지만 돌아가기는 더더욱 어렵다. 그래서 도시 바깥에서의 생활을 꿈꾸는 이들 중 많은 수는 '언젠가는'이라는 단서를 붙이는 것을 잊지 않는다. 그럼에도, 충청북도 괴산 중에서도 외곽에 위치한 목도시장 입구에 사진관을 연 이영규 대표는 언제 올지 모르는 '언젠가'를 기다리지 않았다.

"대학을 졸업하고 26년 동안 출판 일을 하면서 줄곧 도시에서 생활했어요. 결혼도, 출산도, 육아도 모두 도시에서 이루어졌죠."

그랬던 '도시 여자'가 왜 갑자기 시골에 관심을 갖게 됐냐는 질문에 아무 고민 없이 "타고난 성향인 것 같다"라며 웃었다.

"저뿐만 아니라, 도시에서 생활하다 시골을 선택한 사람들 대부분은 비슷한 이유 때문이라고 생각해요. 시골에 관심이 가니 살아보고 싶은 거잖아요. 관심도 결국은 성향이고요."

성향으로부터 말미암은 관심은 그를 귀농귀촌학교로 인도했다. 아직은 막연했던 시골살이를 구체적으로 접해보고 싶었다. 게다가 100시간의 의무 교육을 이수하면 귀농귀촌 시 이런저런 정책 지원을 받을 수도 있다. 그런데 이영규 대표가 귀농귀촌학교의 교장 선생님에게 받은 가르침은 예상했던 방향과 전혀 달랐다.

"보통 귀농귀촌이라고 하면 농사를 가장 먼저 떠올리잖아요. 하지만 제 선생님께서는 오히려 농사를 짓지 말라고 하셨어요. 괜히 어설프게 농사짓는 흉내를 내면 민폐라면서요. 오히려 원래 자신이 잘하던 일이나 좋아하는 일을 시골에서 하라는 가르침을 주셨죠."

사진 촬영이 취미인 이영규 대표에게는 "사진 찍는 것을 좋아하니 시골에 가서 할머니들 사진 찍어드리면 좋을 것"이라고 충고했단다. 충격이기도 하고 설렘이기도 했다. 농사를 짓지 않고 살 수 있는 시골. 얼마나 낭만적이고 신나는 생활이 기다리고 있을까.

그런 가르침을 준 교장 선생님이 괴산에 헌책방을 낸다는 소식을 전하자 이영규 대표는 "무조건 선생님 가게 옆에서 사진관을 할 테니, 꼭 자리를 알아봐 달라"라며 부탁했다. 2019년 5월, 괴산 작은 시장인 목도시장 입구에서 헌책방과 사진관이 나란히 영업을 시작했다.

반드시 여기가 아니어도 괜찮지만, 그래도

서울을 기준으로 내비게이션이 추천하는 목도사진관에 이르는 가장 빠르고 경제적인 경로는 평택제천고속도로를 타고 음성IC로 나와 국도를 이용하는 길이다. 하지만 이영규 대표의 추천은 다르다.

"저를 핑계 삼아 괴산으로 놀러오려는 친구나 지인에게 길을 알려줄 때 항상 하는 말이 있어요. 조금 돌아오더라도 괴산IC를 이용하라는 것이죠."

괴산IC에서 나오면 구불구불한 오르막길을 거쳐야 한다. 그리고 길의 가장 높은 곳에 이르면 갑자기 눈앞에 시원스레 펼쳐지는 풍경과 마주하게 된다. 꼭 그림에서 봤음직한 전형적인 시골 풍경이다. 그가 괴산에서 생활하기 시작한 것은 그런 풍경에 반했기 때문이었을까.

"사실 사진관을 열기 전에는 괴산에 와 본 적도 없었거든요. 꼭 괴산이어야 한다는 생각은 아니었어요. 그저 귀농귀촌학교 교장 선생님께서 이곳에서 헌책방을 연다고 하셨으니 따라왔을 뿐이죠."

사전 정보가 없었던, 그래서 기대도 없었던 괴산이었지만 그 풍경은 그가 시골과 함께 상상했던 모습 그대로였다고 한다. 기대했던 자연 환경, 좋아하는 일, 믿을 수 있는 사람이 함께하는 곳이니 적응에는 큰 문제가 없었다.

누군가에게는 '갑자기 진행된 이주'처럼 보였겠지만, 사실 여러 여건이 무르익어 이뤄진 자연스러운 일이었다. 한집에서 함께 생활하며 교육과 양육에 대해 예민하게 신경 쓸 일이 적어졌다. 괴산은 가족이 있는 서울을 오가기에도 크게 부담이 되지 않는 거리이기도 했다. 오랫동안 잡고 있던 책과 관련된 일 대신, 취미였던 사진을 새로운 직업으로 선택해서 오히려 활기가 더해지고 지루할 틈이 없었다.

"누구나 놀이터처럼 들락거릴 수 있는 사진관을 열었어요. 제가 찍고 싶은 사진을 맘껏 찍어 펼쳐놓을 수 있는 곳이기도 하고요."

이영규 대표가 괴산에 와서 사진을 찍기 시작하던 때의 피사체는 주로 자연물이었다. 흔히 말하는 풍경 사진이다. 하지만 시간이 지나며 사진에 담는 대상이 달라졌다. 지역에서 이영규 대표가 서 있는 자리, 시선이 달라졌기 때문이었을 것이다.

그래서 지금은 사람에 더 자주 초점을 맞추고 있다. 오랫동안 그곳에서 생활해 온 주민들이 이영규 대표의 모델들이다. 사진관을 열고 그리 길지 않은 기간일 수도 있지만 활발한 커뮤니케이션을 통해 다양한 관계를 맺은 덕분이다. 하지만 지역 사람들을 모델 삼아 촬영하는 그 사진들은 단순한 인물 사진이 아니다.

"마을 할머니 할아버지들에게 교복을 입히고 마을의 특징을 살려 촬영을 할 때도 있어요. 그럼 굉장히 좋아하세요. 농사일을 찍을 때도 있죠. 요즘은 많은 부분이 기계화된 상황이라 사람이 직접 손을 놀리는 일이 많지 않거든요. 마침 괴산에는 옛날 농법대로 농사를 짓는 분들이 계세요. 그런 모습도 사진으로 남기기 위해 계획 중이고요."

그렇다고 해서 그의 렌즈가 '오래 전부터 이어져 오고 있는 무언가', '과거와 추억' 속 시골의 모습만을 향한 것은 아니다.

시선도, 관계도 조금씩 넓어진 시골살이

"저기, 복숭아도 찍어 주시나요?"

이영규 대표가 사진관을 연 지 얼마 되지 않았을 때, 한 통의 전화가 걸려 왔다. 복숭아 사진도 찍어주냐는 문의였다. 자신이 직접 키운 복숭아를 인터넷으로 판매하기 위해 '제대로' 촬영한 사진이 필요했던 청년농부의 목소리가 전화기 너머로 들려 왔다. 전문적인 상품 촬영은 해보지 않았던 터라 망설여졌지만, 그렇다고 해서 거절할 수도 없었다. 일단은 사진관으로 오라고 했다. 그렇게 첫 농산물 촬영을 시작했다.

"삼대 째 농사를 짓는 집안에서 가업을 잇는 청년이었어요. 얼마나 예쁘고 기특해요. 그래서 할 수 있는 최선을 다해 찍어줬죠. 그런데 알고 보니 그 친구가 괴산 청년농부 모임의 회장이었어요."

그렇게 지역 내 '유명인'과 인연을 맺으니 자연스레 더 많은 괴산의 청년농부들을 만나게 됐다. 정직하게 농사를 짓고, 정성껏 키운 작물을 제값에 팔기 위해 직거래를 비롯한 다양한 판로를 찾으려 노력하는 이들이기도 했다. 농업을 통해 지역에서 미래를 꿈꿀 수 있는 길을 만들기 위해 애쓰는 청년들이었다.

직접 판매를 하려면 홍보 역시 힘을 써야 했다. 여기에 필요한 사진과 설명문 작성 등 부수적인 준비도 도맡아 해야 했다. 그리고 그중 사진에는 적지 않은 비용이 소요된다. 누구보다 이영규 대표가 잘 알고 있는 사실이었다.

"그래서 촬영비로 청년들이 촬영하려 갖고 온 작물 중 일부를 받았어요. 물론 처음부터 그렇게 비용을 책정했던 건 아녜요. 원래는 아무것도 안 받으려고 그랬죠. 그런데 그들 입장에서도 그냥 돌아서면 너무 면목이 없는 일일 수밖에 없더라고요. 그래서 '그럼 그 토마토 한 팩만 주고 가요' 이렇게 시작된 거예요."

괴산의 오늘을 담아 내일을 여는 일

청년농부들과의 관계는 단지 의뢰인과 촬영자에 머물지 않았다. 얼마 지나지 않아 저자와 편집자의 관계로 변모했다. 시골에도 청년들이 있음을, 농업에도 미래가 있다고 믿는 청년이 있음을 알리는 책을 함께 쓰고 만들기 시작했기 때문이다. 청년농부 모임의 회장이 괴산군농업기술센터에 필요성을 설득하고 제작 지원을 이끌어냈다.

"책을 만드는 일을 해왔으니까, 제 입장에서는 크게 어려운 일은 아니었어요. 하지만 직접 글을 써야 했던 친구들에게는 쉽지 않은 일이었을 거예요. 처음 인연을 맺었던 청년농부 모임 회장이 회원들을 열심히 독려했기에 가능했죠."

11명의 청년농부들은 농한기 두 달 동안 자신의 농사 이야기를 써 냈다. 그들 대부분이 '각 잡고' 글을 쓰는 경험은 처음이라 편집 과정에서 손을 볼 곳이 적지 않았다. 그럼에도 글은 반드시 본인이 직접 쓰도록 했다. 농사를 짓는 손으로 글을 지어야 투박해도 그 진정성이 전해질 수 있다고 믿었기 때문이다.

청년농부들이 그렇게 각자의 글을 완성하자, 농사의 계절이 돌아왔다. 농부들이 농사짓는 시간, 이영규 대표는 원고를 다듬고 디자이너와 함께 책의 모양새를 잡았다. 그리고 본격적인 농번기에 접어들자 카메라를 들고 현장으로 나섰다. 그늘 하나 없는 뙤약볕 아래서 땅과 작물을 달래느라, 답답한 방역복을 단단히 챙겨 입고 가축들을 돌보느라 땀 흘리는 청년농부의 모습을 가장 가까운 거리에서 몇 날 며칠 함께하며 촬영했다.

"재미있었어요. 들판에서 그렇게 열심히 일하고 있는 사람들의 모습, 특히 청년들이 자신의 일에 집중하고 있는 모습을 지켜보는 것만으로도 참 좋았죠."

이영규 대표는 이 이야기를 들려주는 순간, 당시 청년들의 모습이 선명하게 눈앞에 떠오르는 듯한 표정이 됐다. 불과 얼마 전까지 서울 빌딩 숲에서 생활했던 그에게는 신선한 경험이었을 것이다. 그리고 그가 느낀 신선함은 이제 막 수확한 건강한 작물들처럼 독자들에게 생생하게 전달됐다. 청년농부들이 글을 쓰기 시작한 지 8개월 만의 일이었다.

"그렇게 만든 책이 《청년농부 괴산에 산다》예요. 괴산군에서 다양한 기관에 책을 배포했는데, 반응이 굉장히 좋았어요. 2020년 9월 출간 이후 얼마 되지 않아 금세 2쇄를 찍었을 정도로요. 덕분에 목도사진관도 널리 알려지게 됐죠."

이영규 대표의 설명에 따르면, 출간 이후 "아, 여기가 그 책에 실린 사진 찍은 곳이에요?"라고 물으며 문을 여는 손님들이 많아졌다고 한다. 땀 흘리는 사람의 진심이, 그 진심을 오롯이 전달하려는 사람의 또 다른 진심이 손에 잡히는 책에 담기고, 널리 전해졌다.

공간과 사람, 그리고 자연스럽게 움직이는 마음

시골 작은 시장 앞 목도사진관은 여러 모로 자연스레 시선이 가는 공간이다. 오고 가는 사람들 중에는 호기심 어린 표정으로 일부러 문을 열고 들어오는 이들도 있다. 목도사진관이 카페를 겸하고 있는 까닭이기도 하다. 그리고 그렇게 사진관을 찾은 이들 중에는 평생을 잊지 못할 인연이 된 손님도 있다.

"한번은 청주에서 소방관으로 일하고 있는 청년이 사진관을 찾은 적이 있어요. 근처 할아버지 댁에 왔는데, 사진관이 새로 생겨서 신기한 마음에 들러봤다고 하더라고요. 그 후 적어도 한 달에 한 번은 사진관에 들르곤 했어요. 홀로 생활하시는 할아버지께서 혼자 진지 드시는 게 마음에 걸려서 쉬는 날이면 한 번씩 오는 거였죠."

이영규 대표의 눈에 그런 청년의 모습이 좋아 보이지 않을 수가 없었다. 그래서 할아버지를 모시고 사진관으로 오라고 했다. 조손간의 다정한 모습을 사진으로 남겨주겠다는 말과 함께.

"그리고 정말 그 친구가 할아버지를 모시고 왔어요. 무척 보기 좋은 할아버지와 손자였고, 덕분에 즐겁게 촬영할 수 있었죠. 촬영 후반에는 멋진 정장을 입은 할아버지의 독사진도 따로 찍어드렸고요."

그런데 얼마 지나지 않아 소방관 청년에게 전화가 왔다. 할아버지가 갑자기 위독해지셨다는 내용이었다. 그날 찍었던 사진이 필요한 일이 생긴다면 바로 사용할 수 있도록 미리 준비를 부탁한다는 당부도 이어졌다.

"며칠 뒤 소방관 청년에게 할아버지가 돌아가셨다는 연락을 받았어요. 장례식을 위해 영정 사진이 필요했으니 할아버지의 부고를 가장 먼저 듣게 된 셈이었죠."

그런데 할아버지는 생전 가장 즐거운 모습을 사진으로 남겨 준, 그리고 소중한 손자와의 촬영을 다정하게 제안해 준 사진사가 많이 고마웠던 모양이었다.

"할아버지께서 혼자 생활하고 계시던 집은 붉은 벽돌로 지은 옛날식 양옥집이었는데, 지금은 제가 그 집에서 생활하고 있어요. 할아버지께서 쓰시던 물건 중 사용할 수 있는 것은 감사한 마음으로 그대로 사용하면서요."

이영규 대표는 누군가의 삶이 깊이 배인 공간과 사물에 깊은 애정을 갖고 있었다. 단순히 골동에 대한 호기심이나 애호 때문은 아니었다. 앞으로 다시 볼 수 없을 것이라는 유한성 때문일지도 모르겠다.

"괴산에 내려와서부터 오래된 것들, 곧 사라질 것들을 사진으로 기록하고 있어요. 그래서 피사체는 집이 될 때도 있고 생활용품이 될 때도 있죠. 물론 지금까지는 단순히 취미의 영역이었지만, 괴산 안에서의 활동이 늘다 보니 어느 순간 이러한 기록 활동을 혼자 감당하기 힘들겠다는 생각이 들더라고요."

기록물은 기록 자체도 중요하지만, 쌓인 기록을 체계적으로 분류하고 관리하고 활용할 때 비로소 더 큰 가치를 품게 된다. 기록 작업이 개인에게 벅찰 수밖에 없는 이유도 여기에 있다.

"처음엔 관(官)에서 주도하는 지원 사업에는 참여하지 않겠다는 생각을 하며 생활했지만, 지금은 좀 달라졌어요. 제대로 된, 의미 있는 기록물을 남기기 위해서는 유무형의 도움을 받아야겠다는 사실을 깨닫게 된 거죠."

기록물이 그 지역에서 갖는 가치의 경중을 홀로 판단하는 데는 한계가 있을 수밖에 없다. 그래서 괴산의 풍경과 일상과 사람을 촬영하기 위해, 이제는 다양한 기관과 더 깊은 논의를 진행하고 있다. 기록물로서의 가치를 지닌 사진을 촬영하는 데 혼자 힘으로는 닿을 수 없는 일들이 존재함을 누구보다 잘 알게 됐기 때문이다.

"마을을 기록하는 데에 공감하고 기록에 대한 가치를 이해하는 기관이 생기면 좋겠다고 요즘 생각해요. 그런 곳이 생기면 함께 사진 작업을 할 사람도 합류할 수 있을 테고, 더 의미 있는 결과물도 안정적으로 만들 수 있겠죠."

괴산에 대한 애정이 진하게 느껴지는 바람이지만 이영규 대표 스스로 인식하는 그의 위치는 어디까지나 외부인이다.

일흔까지 이어갈 '나의 일'

이영규 대표는 주말을 서울에서 보낸다. 시골에서의 일상이 불편하지는 않지만, 그렇다고 해서 100퍼센트 만족하는 상황은 아니다. 대도시를 벗어난 시골에서는 개인의 성향에 맞는 장소나 콘텐츠를 접할 수 있는 기회가 도시와는 비교할 수 없을 만큼 적다. 다양한 전시를 즐기는 이영규 대표에게는 갤러리나 박물관의 부재가 무엇보다 큰 아쉬움이라고 한다. 자주 서울을 드나드는 이유 중 하나다.

하지만 이런 결핍이 괴산에 대한, 시골에 대한 애정을 무디게 만드는 요소는 아니었다. 모든 것을 만족시키는 곳이 존재할 수 있는지는 잘 모르겠다. 이영규 대표는 그것을 기대하기 보다는 내게 정말 필요한 변화가 무엇인지, 그 변화를 어떻게 시작할 수 있을지를 고민하다가 시골로 왔을 뿐이다.

"시골은 자신이 좋아하는 일을 새롭게 시작할 수 있는 공간이라고 생각해요. 서울에서 계속 살고 있었다면 사진은 내내 취미였을 거예요. 괴산에 사진관을 연 것은 사진을 업으로 하겠다는 다짐과 마찬가지였어요. 지금은 실제로 사진을 찍어 생활비를 벌고, 필요한 장비도 들여놓을 수 있으니 이 정도면 생업이라고 해도 괜찮지 않겠어요?"

아마 일흔이 될 때까지는 사진을 찍을 것이라던 이영규 대표는 요즘에도 친구들로부터 "그렇게 살 수 있는 네가 부럽다"라는 이야기를 종종 듣는다고 한다. 그럴 때마다 "그렇게 부러우면 너도 와"라고 권하지만 대부분은 말을 흐린단다. 부러운 것은 부러운 것이고 현실은 현실이라는 게 보통 하는 생각일 테니까. 하지만 현실이라는 게 반드시 개인의 성향을 억누르며 유지되는 것은 아니라는 사실을, 이영규 대표는 즐겁게 증명하고 있었다.

시골 생활을 꿈꾸는 이들에게 해주고 싶은 말을 묻자 이영규 대표는 진지한 목소리로 말했다.

"시골에 대한 낭만적인 생각은 버려야 해요. 사리분별이 명확한 성격이면 시골에서의 생활이 피곤할 수밖에 없을 거예요. 물론 주민들과 멀리 떨어진 곳에 집을 짓고 아름다운 풍경 속에서 한적하게 생활할 수도 있겠죠. 하지만 그건 경제적으로 비교적 자유로운 소수만 가능한 선택이에요. 고립을 선택할 게 아니라면, 귀농귀촌인이 마땅히 갖춰야 할 염치와 예의를 먼저 챙기는 게 중요해요."

친구들에게 목도사진관에 이르는 길을 설명할 때 일부러 괴산IC로 진입하라고 이르던 모습과는 전혀 다른 분위기였다. 하지만 당연히 그럴 수밖에. 길어 봤자 며칠 머무는 여행자와 일상을 살아가는 주민과는 시야와 시선에 차이가 생기는 것은 당연한 일이니까 말이다.

인터뷰 말미에 이영규 대표는 괴산이 아니라 어디에서든 사람 사는 것은 비슷하지 않겠냐며 웃었다. 그래서 앞으로도 지금처럼 괴산에서 지낼지는 아무도 모른다고 했다. 인터뷰 중간 중간 괴산의 이웃과 이곳저곳에서 걸려오는 전화를 받느라 분주한 모습에 비추어 보면, 실현 가능성이 그리 높지 않은 전망이었지만 말이다.

〈목도사진관〉 키워드

1. **무엇보다 먼저 파악해야 하는 스스로의 성향** : 어디서 어떤 일을 할지 결정하는 데 가장 큰 영향을 끼치는 요소는 그 사람의 성향일 수밖에 없다. 수십 년 전이라면 이런 명제에 크게 토를 다는 사람이 없겠지만, 무엇보다 금전적 보상이 중요해진 요즘이기에 더 이상 확언할 수 없게 됐다는 사실이 서글퍼질 때가 있다. 그럼에도 특정한 장소나 사람에 적응하는 데 성향은 여전히 중요한 역할을 한다. 재미있는 사실은 자신의 성향을 스스로 잘 알고 있는 경우는 생각보다 많지 않다는 것이다. 막상 그 상황이 닥쳐서야 "내가 그런 것을 좋아/싫어했구나"라는 사실을 인지하기도 하니까. 그러니 만약 귀농 혹은 귀촌을 계획한다면 일정 기간 동안 자신의 성향이 그곳과 맞는지 확인하는 작업이 반드시 필요하다. 짧게는 일주일부터 길게는 1년 동안 생활해볼 수 있는 프로그램을 제공하는 지자체나 기관들의 프로그램을 찾아보자.

2. **시골이라고 해서 농사가 필수는 아니다** : 귀촌을 한다고 해서 귀농이 필수적인 것은 아니다. 물론 그럴 경우 선택의 폭이 좁아질 수밖에 없는 것은 사실이지만 중년 이후, 그러니까 소비의 가장 큰 영역을 차지하고 있는 교육비에 대한 부담이 없는 상황이라면 자신이 평소 하고 싶던 일을 새롭게 시작하는 기회로 삼을 수도 있다. 다만 여기에도 조건이 따른다. 내가 하려는 일이 그곳의 사람들에게 어떤 효용을 가질지, 나는 그 일을 통해 어떤 보람과 성취를 얻을 수 있을지 깊은 고민을 해봐야 한다. 새롭게 생활을 시작하려는 곳에서 나의 기호 혹은 취미가 기여할 수 있는 방법을 찾는다면 시골에서의 생활은 예상보다 더 큰 만족감을 줄 것이다.

3. **도시와는 전혀 다른 관(官)의 무게** : 도시와 도시 바깥의 차이점 중 두드러지는 한 가지는 관의 무게감이 다르다는 점이다. 도시에서는 행정적 업무를 처리하러 가는 곳으로 인식되는 경우가 일반적이지만, 농촌에서는 해당 지역의 지원 정책이나 그와 관련된 실행 계획 등에 대한 정보가 확산되는 창구 역할을 한다. 뿐만 아니라 개인과 공동체의 어려움을 해소하는 데 있어서도 가장 중요한 곳이기도 하다. 외부에서 온 사람이 그런 곳과 어떤 일을 함께하게 된다면 일종의 신원보증을 받는 것과 효과를 기대할 수 있을 정도다. 그러니 읍사무소 등을 자주 들락거리는 것을 꺼리지 말자. 그들 입장에서는 도시에서 온 누군가로부터 전에 없던 새로운 무언가를 기대하는 경우도 많으니까.

〈목도사진관〉 생생 취재 후기

– 귀농귀촌과 관련된 취재를 여러 차례 진행하다 보면, 시골에서 농사를 짓지 않고 살 수 있는 방법은 없는 것일까 하는 생각이 들 때가 있다. 애초에 귀촌을 염두에 두거나 실행하는 이들 대부분이 귀농을 전제로 하는 경우가 워낙 많기 때문이다. 시골에서 농사를 짓지 않고 살고 있는 내 입장에서는 조금 아쉬운 부분이기도 하다. 성향에만 맞다면, 시골에서는 도시보다 훨씬 여유롭고 안정적인 마음으로 생활이 가능하다. 다만 문제는, 하고 싶은 일을 하면서 시골에 사는 일이 과연 가능하겠냐는 것이다. 목도사진관의 이영규 대표는 이런 질문에 답이 될 수 있는 사례였다. 그래서 인터뷰를 위해 통영과 괴산을 오고 가는 8시간 내내 가벼운 기분이었다.

– 이영규 대표는 "홀가분하게 혼자 하고 싶은 일을 하고 사는 것이 정말 부럽다"라고 하는 지인이나 친구들이 많지만, 막상 "그럼 너도 와"라고 하면 다들 "나는 그런 데 못 살아"라며 고개를 가로젓는다며 웃었다. 실행력이 가장 큰 차이를 만드는 요소겠지만, 현재와 미래의 안정이 깨질 수 있다는 위험을 회피하려는 본능의 발현일 수도 있을 것이다. 사람에 따라서는 위험 회피보다 모험에 더 강렬한 매력을 느끼는 경우도 있다. 하지만 적지 않은 선천적 모험가들이 도시의 빽빽한 안정감과 스스로 보기에 빈약해 보이는 자산들에 발이 묶인 채 살아가는 경우도 적지 않다. 인류의 외연이 무모해 보이는 도전에 의해 넓어졌다는 사실을 떠올린다면, 상당히 안타까운 일이기도 하다.

– 외지에서 온 이는 아무리 노력해도 결국 외지 사람이다. 그래서 차라리 섞이려 노력하지 않는 편이 낫다고 생각한다. 종종 어떤 귀촌인들은 "여기에서 10년 넘게 지냈지만 아직도 외지인 취급"이라며 불만을 터뜨리기도 하지만 '그 지역 사람'으로 인정받는 것이 쉽지 않은 것은 서울도 마찬가지다. 지난 1994년 서울 정도 600주년 기념으로 서울 토박이를 찾는 행사가 있었는데, 당시 서울시는 "할아버지, 아버지, 나 삼대가 서울에서 나고 자랐음을 증명해야 한다"라는 조건을 내걸었다. 사람이 한 지역에 뿌리를 내린다는 것이 결코 쉽지 않음을 증명하는 조건이기도 했다. 그러니, 그 힘든 자격을 갖추기 위해 일부러 노력할 필요는 없다. 사람 사이의 갈등을 해소하는 가장 좋은 방법은 다름을 인정하는 것이라는 전문가들의 조언을 잊지 말자.

유자처럼 진한 즐거움을 만들고 있습니다

아고라솔루션

출처 : 저자 제공

사람이 없어서 문제지, 즐거운 일은 넘쳐나요

대략 5년 전부터 유행하기 시작한 6차산업이라는 개념은 일본에서 시작됐다. 1990년대 중반, 이마무라 나라오미(今村奈良臣)라는 농업경제학자가 “향토 자원을 이용해 체험프로그램을 운영하는 등 농업을 서비스업으로 확장시킴으로써 더 높은 부가가치를 발생시킬 수 있다”라는 내용을 주창한 것이 시초다.

다시 말해, 농업 현장을 체험형 관광지로 만듦으로써 농업인 이외의 사람들도 농업에 참여하고 즐길 수 있는 시스템을 만들자는 내용이었다. 일본 농업 현장에서는 이와 같은 주장을 적극 받아들여 정책으로 구체화 했다. 각 지자체들도 각자의 특산물 등을 이용해서 여행객과 관광객들이 지역의 더 깊은 곳까지 체험할 수 있는 프로그램들을 기획했다.

이런 과정을 통해 최종 소비자들이 재배는 물론 제조 및 가공 단계에 참여하거나 현지에서만 한정 판매하는 제품을 구입할 수 있도록 여행 상품을 기획함으로써 부가가치를 높였다. 단순히 농산물을 사고파는 것보다 훨씬 더 오랫동안 체류하게 되고, 그럼으로써 소통과 교류 역시 활발해졌다. 이 과정에 참여함으로써 농업과 농촌에서 자신의 미래를 발견하는 청년들도 증가했다.

이러한 프로그램들이 성공적으로 확산되자, 일본과 여러 모로 비슷한 상황인 국내 농업 현장에서도 벤치마킹을 정책적으로 진행했다. 1차산업(농업), 2차산업(제조가공업), 3차산업(서비스업)의 복합체인 6차산업이라는 개념이 국내에 등장하기까지의 흐름이다.

덕분에 SNS를 통해 팜스테이(Farm Stay)나 팜파티(Farm Party) 같은 단어들을 어렵지 않게 볼 수 있게 됐지만, 그 세부내용을 살펴보면 서로 간의 차별점을 찾는 것은 쉽지 않은 일이다. 기반이 되는 농업 현장의 풍경이 크게 다르지 않은 경우가 많기 때문이다.

무엇보다 걸림돌이 되는 것은, 여러 사람이 오랫동안 체류할 수 있는 공간에 대한 선택의 폭이 넓지 않다는 점이다. 농촌에서의 하루를 보내기 위해서는 짧아도 1시간, 길면 3~4시간의 이동을 각오해야 하는데 한정적인 공간에서 한정적인 콘텐츠로는 그 수고로움을 감당해도 좋다는 계산이 서지 않는다.

그래서 마을 단위가 하나의 체험공간으로 기능하는 것이 가장 바람직하지만, 그런 곳을 찾는 것은 의외로 쉽지 않은 일이다. 체험형 마을들이 적지 않게 운영되고 있는 반면, 그 대상은 단체 위주인 곳이 많다. 소규모 그룹이나 가족 단위로 농업과 농촌을 체험하기 위해서는 여러 번의 검색을 감수해야 한다. 고흥군 포두면 신촌마을은 그래서 상당히 독특하며 모범적인 공간이다. 그곳을 운영하는 아고라솔루션 덕분이었다.

조용한 마을에 모여든 '우연찮은' 청년들

포두면 신촌마을은 굉장히 조용한 마을이다. 마을 북쪽으로는 세동제라는 큰 저수지가 있어 사시사철 맑은 물이 흘러가는데, 내가 처음 방문했던 농한기의 아침에는 물 흐르는 소리와 새소리밖에 들리지 않을 정도였다. 그리고 그런 조용한 풍경 속에서 동그란 뿔테 안경의 젊은 이장님을 만났다.

"저희 마을은 세 개의 성씨가 모여 사는 집성촌이에요. 마을에 거주하고 계시는 주민들은 대부분 어르신들이고, 그 자녀들은 외지에서 생활하는 전형적인 시골마을이죠."

정지영 이장이 그런 신촌마을에 정착한 것은 10년 전. 서울에서 대학생활을 하고 일본으로 건너가 직장생활을 하던 중 귀국한 그는 번아웃 상태였다. 부모님이 계시는 고향인 신촌마을로 돌아왔을 때만 해도 구체적인 계획은 없었다고 한다. 그래서 밭일은 물론 농작물 상하차, 태양광 패널 설치, 농막 수리 등 어떤 일이든 했다.

그러는 사이 시골 생활에 점차 익숙해졌다. 그러던 중 비슷한 또래의 이웃이 생겼다. 마을과는 아무런 연고도 없는 이들이 찾아와 앵무새 농장을 차리는 한편, 말이 좋아 제주에서 생활하던 부부는 마구간을 열기도 했다. 고흥에서 재배한 농작물에 반한 요리 연구가도 터를 잡았다. 갑작스런 변화의 바람이 시작됐다.

"마구간을 운영하는 부부 중 남편은 화가이기도 했어요. 동네에서 성장하고 있는 8명의 어린이, 청소년들을 위해 우리가 뭐라도 할 수 있지 않을까 싶어서 저는 일본어를, 그 친구는 미술을 가르치기로 했죠."

당시에는 아무런 직책도 없던 정지영 이장의 제안에 따라, 마을 청년들은 일주일에 두 번, 저녁에 아이들을 모아 이런저런 것들을 가르치기 시작했다. 시골에서는 쉽게 경험하기 힘든 내용의 비공식적 방과 후 활동들이었다. 이 활동이 무엇보다 중요했던 것은, 아이들이 '건전한 명목'을 갖고 모일 수 있게 됐다는 사실이었다.

"동네 어르신들이 그런 모습을 굉장히 좋게 봐주셨어요. 젊은 애들이 와서 자기들끼리 혹은 따로따로 외떨어져 살려고 하는 것이 아니라, 동네에 큰 도움이 되는 일을 하기 시작했으니 기특하셨겠죠."

그래서 마을 어른들은 청년들이 아이들과 함께하기 위한 프로그램을 진행한다는 소식을 들으면 다른 어떤 일보다 먼저 나서서 돕기 시작했다. 청년들은 그런 어른들의 도움이 고마워 한여름밤 추억의 영화 상영회 같은 이벤트를 열기도 했다. 고마움에 대한 보답이 또 다른 보답을 불러일으키는 선순환 구조가 조금씩 그 모양을 갖춰가기 시작했다.

치유를 경험하는 공간, 신촌마을

마을 안에서 다양한 활동의 중심에 서게 된 정지영 씨는 이장이 됐다. 마을과 관련된 일을 기획하고 진행하는 데 그만한 사람이 없었기 때문이다. 고흥 안에서 가장 젊은 이장이 된 정지영 이장은 마을 전체를 하나의 프로그램 공간으로 묶는 방법을 고민하기 시작했다.

"말과 앵무새와 같은 동물을 통해서 교감하고, 그림을 그리며 자신을 마음을 들여다보고, 고흥에서 채취한 식재료로 전에 경험하지 못했던 맛을 느껴보는 프로그램들로 구성됐어요. 작은 마을에서 할 수 있는 체험치고는 굉장히 다채롭죠?"

마침 전라남도에서는 6차산업 확산의 일환으로 치유농업 마을 및 현장을 선발하고 있던 상황이었다. 시간이 지날수록 더 치열해지는 삶에 지친 도시인들이 잠시나마 몸과 마음을 치유할 수 있는 공간을 제공함으로써 농업 현장은 더 많은 부가가치를, 체험객들은 새로운 에너지를 얻을 수 있도록 하는 데 목적을 둔 사업이다. 정지영 이장의 신촌마을은 그런 사업 의도에 가장 잘 맞는 공간과 프로그램을 갖추고 있었다.

그렇게 전라남도 공식 치유마을로 지정된 신촌마을은 얼마 후 행정안전부에서 지정하는 청년마을로도 선정됐다.

청년마을 조성사업은 2018년부터 시작된 행정안전부의 사업으로, 매년 12개의 청년마을이 전국에 조성되고 있다. 청년들이 일정 기간 동안 마을에 머물며 지역을 알아보고, 자신에게 맞는 일자리를 탐색하는 한편, 그곳의 다양한 사람들과 관계를 맺을 수 있는 기회를 제공하는 것을 목적으로 하고 있다.

청년들로 하여금 지역에서도 자신의 미래를 찾을 수 있음을 확인시키는 사업이기도 하다. 쉽게 말해, 시골에 대한 막연한 두려움을 없앰으로써 새로운 인구를 유입시키는 것이 일차적인 목표인 셈이다.

"그런 청년마을로 지정받는 일이 쉽지는 않아요. 무엇보다 청년들이 다른 곳에 없는 차별화된 경험을 할 수 있어야 한다는 부분이 가장 중요하거든요. 그러면서도 고유의 지역적 특성, 마을주민들과의 융화에 대해서도 신경 써야 하고요. 저희는 그런 부분에 있어 충분히 강점을 갖고 있는 상태였지요."

정지영 이장은 이와 같은 강점을 더욱 세밀하게 직조하고 체계적으로 운영하기 위해 아고라솔루션이라는 사업조직을 만들었다. 오랜 시간 공들여 사업계획서를 작성하고 발표에 임했다. 현장실사 단계에서는 마을 어른들이 누구보다 적극적으로 참여함으로써 높은 점수를 받을 수 있었다. 신촌마을은 그렇게 청년마을로 선정됐다.

"아고라는 아름다운 고흥 라이프의 줄임말이에요. 말 그대로 고흥에서의 아름다운 삶을 영위할 수 있는 솔루션을 제공하는 일을 하는 곳이죠."

정지영 이장에게는 아고라솔루션 대표라는 직함이 더해졌다. 함께하는 구성원들도 늘었다. 귀촌한 어머니를 만나러 왔다가 입사한 경우도 있고, 가족과 함께 농사짓다가 합류한 경우도 있으며, 농업에 관심을 두고 있던 이가 디자인 작업을 맡기도 했다. 그런 이들에게 회계, 기획, 운영 등 분야를 나누어 업무를 분배했다.

"고흥에서 살아보기 프로그램에 참가했다가 정착한 친구들이 5명이에요. 그중 2명은 저희 아고라솔루션에서 일을 하고 있고요. 다른 친구들도 저마다 자기가 할 수 있는 일을 찾아 고흥에서의 아름다운 삶을 살아가고 있는 중이죠."

하지만 새로운 청년들이 마을에 들어온다는 사실이 모든 이들에게 반갑기만 한 것은 아니다. 그동안의 평온과 그 평온을 기반으로 한 일상에 변화가 생기는 것을 달가워하지 않는 마을 어른들도 분명히 존재하기 때문이다. 정지영 이장은 그런 사실을 누구보다 잘 알고 있었다.

"그래서 청년마을에 선정된 이후 마을 어른들에게 사업의 의도와 내용에 대해 최대한 자세히 설명해드렸어요. 앞으로 어떤 변화가 있을지에 대해서도 말씀드렸고요. 저희 마을에 찾아온 청년들에게도 반드시 지켜야 할 예의를 여러 번 강조한 것은 물론이고요."

그 예의라는 것이 복잡한 일은 아니다. 먼저 밝게 인사하는 것. 사람에 따라서는 쉽지 않은 일일 수 있겠지만, 지역 안에서 생활하기 위해서는 반드시 숙지해야 하는 사항이기도 하다.

"마을에서 머무는 청년들이 어른들과 예상치 못한 관계를 맺는 경우도 있어요. 무용을 전공한 친구가 마을에서 생활을 시작했는데, 어른들을 대상으로 몸을 풀기 좋은 가벼운 율동과 스트레칭을 알려드리자 금세 인기가 좋아졌죠. 그 친구 덕분에 다음엔 또 어떤 재주를 갖고 있는 청년들이 올지 기대가 된다는 어른들도 늘었고요."

정지영 이장은 마을잔치 같은 행사를 치를 때도 청년들이 참여하도록 유도하고 있다고 했다. 짧은 시간이나마 지역의 원래 주민들과 함께 시간을 보내며 소통하는 것이야말로 다른 어느 곳에서도 기대할 수 없는 독특한 경험이기 때문이란다.

물론 텃세 혹은 이유 없는 배척이 전혀 없는 것은 아니다. 그로부터 상처 입는 청년들이 발생하는 것은 당연한 일이다.

"그럴 때가 가장 난감하죠. 양쪽 모두의 입장이 이해될 때가 많거든요. 도시에서 생활하다 온 청년들은 이곳의 방식이 미개하다고 생각하는 경우가 있고, 어른들은 외지 것들이 동네 시끄럽게 만든다고 생각하는 경우도 있으니까요."

그럴 때 서로를 이해할 수 있는 접점을 만드는 것밖에는 선택할 수 있는 해결책이 따로 없다. 정지영 이장이 사업조직에 '솔루션'이라는 단어를 사용한 이유이기도 하다.

아고라솔루션이 소개하는 전혀 새로운 고흥

아고라솔루션은 고흥에서 벌어지는 다양한 일들을 기획하고 운영하는 것을 목적으로 하고 있다. 기관이나 단체에서 고흥을 대상으로 벌이는 사업의 추진 주체가 되기도 하고 축제나 이벤트를 더 고흥답고 더 즐겁게 만드는 방법을 고민하고 있다. 지난 2023년 10월에는 서핑으로 유명한 남열해수욕장에서 제1회 고흥 청년의 날 행사를 성공적으로 개최했고, 2024년 여름에는 워터밤 축제에 많은 이들을 불러 모았다.

"즐거운 고흥을 만드는 일만큼 고흥 안에 산적한 문제를 해결하는 일도 중요합니다. 빈집 문제가 특히 그런데 법적인 문제나 소유권 문제가 걸려 있기 때문에 관에서는 쉽게 나서지 못하는 것이 일반적이거든요. 저희는 그런 부분을 인맥으로 해결할 수 있어요."

그렇게 빈집을 휴양 혹은 워케이션(workcation) 공간으로 변모시킨 후에는 고흥에서의 워킹 홀리데이(Working Holiday) 운영도 가능할 것이라고 했다.

"저희는 고흥의 아름다운 장소, 재미있는 일, 경험해야 할 순간을 누구보다 잘 알고 있어요. 그런 요소들을 단순하게 둘러보고 돌아가는 것이 아니라 더 깊게 체험할 수 있도록 체류형 프로그램을 기획하고 있고요. 그럼으로써 저희 마을을, 고흥을 더 잘 알게 될 테니까요."

다만 해외의 워킹홀리데이처럼 장기간이 아닌 1박 2일이나 2박 3일 등의 단기간 프로그램이 될 것이라고 했다. 비용 역시 최소한으로 낮춰 참가에 부담을 느끼지 않도록 할 계획이라고 했다. 그가 아고라솔루션에 이어 아고라여행사를 설립한 것도 이러한 프로그램을 전문적으로 운영하기 위함이었다. 그런데 이러한 그의 활동은 얼마만큼의 지속가능성을 갖고 있을까?

“현재까지의 상황을 말씀드리자면, 사실 일을 좀 가려서 하고 있는 상황이에요. 고흥에서 이렇게 다양한 일을 할 수 있는 곳이 저희밖에 없다 보니 유무형 상품기획, 디자인, 브랜딩, 운영 등에 대한 많은 문의가 오고 있거든요. 기관이나 지자체에서도 저희에게 어울릴 것 같은 일들을 먼저 소개해주고 계시고요. 전통시장 활성화나 관광 콘텐츠 개발 같은 일들이 대표적인 사례들이죠.”

정지영 이장은 아고라솔루션의 미래에 대해 낙관적이었다. 그렇다면 다른 청년들도 그와 마찬가지로 지역에서 새로운 자리를 잡고 미래를 설계할 수 있을까?

“가능해요. 다만 노력은 해야죠. 내가 뭘 할 수 있을지 잘 판단해야 하고요. 무엇보다 지역에서는 몸을 움직여야 하는 일들이 많다는 것을 꼭 염두에 둬야 해요. 많은 수의 청년들은 머릿속에서 구상하거나 상상해보는 것만으로도 경험을 했다고 생각하는 경우들이 적지 않아요. 하지만 막상 몸으로 부딪히면 전혀 다르거든요.”

정지영 이장은 “지역을 몸으로 느껴야 아이디어를 구체화할 수 있다”라는 점을 강조했다. 그리고 아고라솔루션은 그러한 적응과 도전의 과정을 누구보다 적극적이고 효율적으로 도울 수 있는 곳으로 자리매김할 것이라고 했다.

"예를 들어 젊은 셰프가 고흥이 맘에 들어 이곳에 정착하려고 한다면 해결해야 할 것들이 한두 가지가 아닐 거예요. 가장 중요한 것은 내가 필요한 것을 갖고 있는 사람들을 알아가는 일일 테고요. 저희는 그런 지역 내에서의 네트워킹에 도움을 줄 수 있죠."

그래서 아고라솔루션은 고흥에서 새로운 삶을 시작하려는 사람들을 위한 플랫폼 역할도 수행할 것이라고 했다. 청년들의 창업과 홍보, 판매에도 힘을 보탤 것이라고 했다.

"도시의 청년은 고흥에서 치유를 경험하고, 고흥에서 치유된 청년들은 다시 고흥에서 성장하는 선순환 구조를 꿈꾸고 있어요. 지역 내 여러 기관이나 단체들과 긴밀한 관계를 맺고 있는 것도 그런 이유 때문이죠."

정지영 이장은 앞으로 아고라솔루션과 아고라여행사에 더 많은 청년들이 합류할 수 있을 것이라고 했다. 다른 일을 통해 고흥을 새로운 출발점으로 삼는 청년들의 숫자도 늘어날 것이라고 확신했다. 그와 그의 구성원들이 그러했듯, 도시에서와는 다른 모습의 미래를 발견할 수 있을 테니.

〈아고라솔루션〉 키워드

1. **6차산업을 준비한다면, 함께할 누군가를 찾아라** : 재배와 가공을 넘어선 영역으로의 진화를 통해 부가가치를 창출한다는 6차산업은 몇 년 전부터 새로운 트렌드가 되고 있다. 하지만 자신이 갖고 있는 유무형의 자산을 통해 불특정 다수가 좋아할 만한 콘텐츠를 기획하고 직접 실행하는 일은 결코 쉽지 않다. 무엇보다 여러 사람이 동시에 들어설 공간을 마련하는 것도 제한된 몇몇에게만 가능한 일일뿐더러, 그런 고객을 응대하는 데 필요한 인원을 고용하는 것도 굉장히 어렵다. 설사 이러한 하드웨어가 갖춰졌다고 하더라도 흥미를 유발할 수 있는 소프트웨어를 이식하는 것은 더더욱 어렵다. 그렇기에 성공적인 운영만 가능하다면, 일반적인 농업보다 더 높은 부가가치를 기대할 수 있다. 다만 혼자 힘으로 모든 것을 해낼 수 있다는 상상은 가급적 하지 않는 것이 좋다. 그러니 농업 혹은 농촌을 기반으로 융복합 사업을 구상하고 있다면 반드시 지역과의 관계 형성에 많은 공을 들이는 것이 바람직하다.

2. **이만큼이나 든든한 지원군, 동네 어른들** : 대부분의 마을 원주민들은 70대가 주된 구성원인 어른들이다. 그러다 보니 당연히 세대차이는 발생할 수밖에 없다. 그들의 눈에는 젊은 사람들의 행동이나 생활방식이 모두 낯설고 이상해 보일 수 있다는 점을 반드시 기억해야 한다. 그리고 그런 어른들의 협력을 끌어내지 못한다면 지역에서 무엇인가를 도모하는 것은 거의 불가능하다는 사실 역시 기억해야 한다. 손님 대접을 받으려고 하지 말고 먼저 사근사근한 태도를 보이는 것이 무엇보다 중요하다. 굴욕적이라고? 거기에는 당신을 초대한 이가 아무도 없다. 즉, 원주민 입장에서는 새로운 누군가를 기꺼이 반겨야 할 아무런 이유도 없는 셈이다. 그러니 스스로 개척자 혹은 계몽자라는 생각을 갖고 지역으로 향한다면, 100%에 가까운 확률로 실패할 수밖에 없다. 어른 말씀 잘 들으면 자다가도 떡이 생긴다는 말은 여전히 유효하다. 지역에서는 더더욱 그러하고.

3. **계획이나 예상보다 훨씬 더 중요한 것, 경험** : 막연한 생각은 아무런 결과도 낳지 못한다. 영상으로 제작된 콘텐츠가 많아지다 보니 다양한 분야에 대한 대리경험이 늘어가고 있는데, 농업과 농촌에 대한 생각들 역시 마찬가지라는 것이 현장의 이야기다. "삽질할 수 있어?"라는 질문에 언젠가 보았던 땅 파는 동영상을 떠올리며 "할 수 있다"라고 자신 있게 대답하지만, 막상 손

에 삽을 쥔 후에는 삽날을 제대로 땅에 꽂지 못하는 경우를 심심찮게 접하게 된다는 것이다. 지역에 대한 정보 역시 마찬가지다. 검색을 통해 접하게 되는 정보들 중에는 정확한 것도 있지만 막상 몸으로 부딪혔을 때 전혀 다르게 다가오는 것들이 훨씬 많은 법이다. 듣거나 보아서 알고 있는 것과 몸으로 부딪혀 체감하게 되는 것은 그 정보의 양이 전혀 다르다는 사실을 잊지 말자. 다행히 요즘은 다양한 지자체나 기관을 통해 원하는 만큼의 체험이 가능하니, 그런 기회를 꼭 이용해보자.

〈아고라솔루션〉 생생 취재 후기

- 농촌 혹은 농업 현장에서의 체험은 대부분 '단체'를 대상으로 운영되고 있다. 많은 수의 프로그램들이 마을 주민들에 의해 운영되고 있는데, 평소에는 각자의 생업에 종사하다가 예약이 들어오면 미리 정해둔 역할을 수행하는 방식으로 손님을 맞이한다. 그러다 보니 전문성이 떨어지는 경우가 많고, 프로그램 운영에 그다지 바람직하지 않은 유동성도 더해진다. 무엇보다 아쉬운 점은 가족이나 소규모 단위 인원들은 아예 예약에 대한 엄두도 내기 힘들다는 사실이다. 일정 액수 이상의 객단가가 확보되지 않으면 원래의 생업을 잠시 미뤄둘 이유가 없으니까. 코로나19로 인한 팬데믹 당시 많은 수의 체험마을들이 어려움을 겪었던 까닭 중 하나이기도 하다.

- 아고라솔루션이 만들어지기 전 정지영 이장은 할 수 있는 일이라면 무엇이든 했다. 그러는 동안 다양한 사람을 만났고, 그 사람들을 통해 고흥 구석구석을 더 잘 알 수 있게 됐다. 그 후 지역의 여행 콘텐츠를 발굴하는 관광 PD로 3년을 일했고, 그 경험을 통해 고흥과 자신의 마을을 여러 개의 프로그램으로 엮을 수 있었다. 지역과 그 지역에서 살고 있는 사람들 사이의 접점을 셀 수 없이 많이 만든 것은 당연한 일이었다. 그리고 그 접점들이 이제는 그에게 무엇과도 바꿀 수 없는 자산으로 작용하고 있다. 번잡스러운 곳이 싫어서 시골을 선택하는 사람은 굳이 그럴 필요가 없겠지만, 지역의 자원에 자신이 가진 것을 더함으로써 유무형의 콘텐츠를 만들 계획이라면 반드시 그곳의 많은 이들에게 더 적극적으로 다가서야 한다.

– 지역에서 진행되는 행사들은 대부분 비슷하다. 주무대가 있고, 사회자와 초대 가수가 있고, 몇몇 단체들의 공연이 이어진 후 기관장 등 주요 내빈의 인사가 이어진다. 주변에서는 어디서나 볼 수 있는 노점들이 어디서나 볼 수 있는 무언가를 팔고 있다. 이렇게 똑같은 형식으로 오랫동안 지속되면, 그 형식미만으로도 예술성을 인정받을 수 있겠다는 생각이 들 정도다. '고인물'들이 기획과 운영을 맡고 있기 때문인데, 막상 그들이 아니면 행사가 진행되기 쉽지 않은 곳도 적지 않다. 정지영 이장은 "그래서 아고라솔루션이 경쟁력을 갖고 있다"라며 웃었다. 전혀 다른 시각과 구성으로 고흥의 놀거리를 더 많은 이들에게 알리는 데는 누구보다 자신 있다고 자부하기 때문이다. 서핑으로 유명한 해변에 트랙터와 5톤 트럭을 세워놓고 무대로 활용할 생각을 할 수 있는 것은 아마 고흥뿐 아니라 전국적으로도 그가 유일할 것이다.

– 낯선 이에 대한 경계와 원주민에 대한 무시. 어쩌면 영원히 타협점을 찾지 못할 수도 있는 문제다. 이 문제에 대한 해답은 지역과 개인마다 다를 수밖에 없다. 새로운 사람들을 환영하는 마을이 있는가 하면 그렇지 않은 곳도 있고, 오래된 관습을 전통이라 생각하는 사람들이 있는가 하면 아직도 저러고 산다며 혀를 차는 이들도 있다. 후자의 마을과 후자의 사람들은 서로 만날 가능성이 낮을 것이라고 생각하기 쉽지만 천만의 말씀. 의외로 굉장히 빈번하게 목격되는 잘못된 만남이기도 하다. 왜 그런지 이유는 알 수 없지만 말이다.

경쟁하지 않는 삶도 충분한 가치가 있으니까

동고동락협동조합

출처 : 저자 제공

어떤 사람들이 남해에서 발견한 보물

통영 생활의 장점이 뭐냐는 질문에 나는 종종 "남해안 곳곳을 어렵지 않게 돌아다닐 수 있다"라고 답한다. 남해안은 해안선이 복잡할뿐더러 섬진강을 기준으로 풍경, 음식, 방언이 극적으로 변화하는 것을 체감할 수 있기에 돌아다니는 데 상당한 재미가 있다.

1970년대 자유무역항의 분방한 느낌이 여전히 남아 있는 마산, 아름드리 소나무들 틈에서 안락함을 느끼게 되는 하동, 남도 음식의 본가라고 자청하는 순천과 돈 자랑하면 큰일 나는 여수, 어쩐지 후련한 느낌의 땅끝 해남과 다층적 분위기가 독보적인 목포까지.

남해안의 크고 작은 도시와 고장들은 좁은 한반도에 이토록 다양한 얼굴이 있다는 것을 알리는 데 큰 역할을 한다. 그리고 그중에서도 가장 독특한 곳은 남해군이다.

남해에서 가장 유명한 곳은 독일마을이지만, 그건 2000년대에 들어 조성된 새로운 공간일 뿐이다. 빼곡한 방풍림 사이를 걸으며 파도소리를 감상할 수 있는 물건리의 방조어부림이나 단단하고 고운 모래와 적당한 파도가 어우러진 송정 해수욕장, 봄이면 유채와 벚꽃으로 가득 차는 왕지 일대까지 사시사철 오직 남해에서만 만날 수 있는 풍경이 남해를 남해답게 만들고 있다. 그래서 똑같은 남해안에서 생활하고 있는 사람들도 남해를 여러 번 방문하곤 한다.

그런데 그런 남해가 인근 지역 사람들에게 예전과는 다른 이유로 주목받기 시작했다. 2017년, 해수욕장으로 유명한 상주에 위치한 상주중학교가 대안학교로 변모하며 새로운 교육 과정을 도입했다는 소식 때문이었다.

큰 녀석이 이제 막 어린이집 생활에 적응하고 있던 내게는 아직 먼 얘기였던 터라 그저 그런가보다 하고 넘겼던 일이었다. 그런데 시간이 지날수록 상주중학교에 대한 사람들의 관심은 점점 커져갔다. 그곳에서 이루어지고 있는 새로운 교육에 만족하는 사람들이 많다는 이야기가 엮엮 동네 통영까지 흘러든 덕분이었다.

이 책을 본격적으로 쓰기 직전, 아내와 함께 오랜만에 남해로 향했다. 상주중학교가 궁금해서는 아니었다. '육지와 연결된 제주'라는 별명을 얻을 정도로 남해에 이색적인 가게들이 많이 생겼다는 소식을 직간접적으로 접했던 터였다. 그래서 그중 몇 곳을 추려 실제 분위기가 어떻게 달라졌는지 직접 경험하고 싶은 마음에 고성과 삼천포를 지나 남해에 이르렀다.

아내가 가보고 싶어 했던 몇 곳을 지나, 빵을 사기 위해 상주로 방향을 잡았다. 상주중학교를 중심으로 한 상주 일대는 처음 방문했던 2010년 무렵과 많아 달라져 있었다. 새로운 건물들이 들어서 있었고, 협동조합에서 운영한다는 공간들도 여럿 눈에 들어왔다. 내가 목적지로 삼았던 빵 가게 역시 협동조합에서 운영하는 곳이었다.

빵을 사며 "옛날 상주랑 분위기가 많이 다르다"라고 운을 떼자 "아이들 학교 보내려고 상주로 온 부모들이, 졸업까지 시킨 이후에도 여전히 이곳에서 살고 있어서 그렇다"라는 답이 돌아왔다. 그 이야기에 궁금증이 생기지 않을 수 없었다. 무엇이 그리 좋아 아이를 성인으로 키운 부모들이 여전히 남해에 머물고 있을까?

진정한 교육의 시작, 부모 그리고 마을

성공적인 입시가 아닌 행복한 인생을 위한 교육에 관심을 두고 있는 사람이라면, 동고동락협동조합이라는 이름을 한 번쯤 들어봤을 것이다. 2016년 상주중학교가 대안학교로 전환되며 상주로 모인 학부모들의 공동체로 시작된 공고동락협동조합은 2017년 4월 창립총회를 거쳐 두 달 뒤인 6월에 법인설립을 마쳤다.

"대안학교는 그 특성상 학부모들의 참여가 반드시 필요한 곳이잖아요. 크고 작은 행사들은 물론이고 커리큘럼을 구성할 때나 학교가 당면하게 되는 문제를 해결할 때도 항상 학부모들이 적극적으로 함께해야 하고요. 그러다 보니 자연스럽게 친해졌어요. 게다가 대부분 멀리서 온 사람들이다 보니 서로 의지되기도 했지요."

1기 학부모 대표였던 동고동락협동조합 이종수 이사장 역시 경기도 용인에서 아이들을 키우다 남해로 내려온 상황이었다. 학교에서도 학원에서도 내내 숨막히게 사는 것이 과연 아이들을 행복한 사회인으로 키우는 방법인지 스스로 의구심이 들었다고 한다. 그런 그에게 아이들과 부모들이 좀 더 행복해질 수 있는 구체적인 방법을 제시한 사람이 바로 2014년 상주중학교에 부임한 여태전 교장이었다. 그는 수많은 대안학교의 모델이 되기도 한 간디학교의 교감, 전국 최초 기숙형 공립대안학교인 경남 태봉고등학교의 교장을 역임하기도 했다.

"1기 학부모들 중 많은 수는 여태전 교장 선생님만 보고 내려왔다고 해도 과언이 아닐 것입니다. 저도 그랬고요."

2022년 퇴임 후 현재는 건신대학원대학교의 교수로 재직 중인 여태전 당시 교장은 삶이 곧 교육이라는 철학 아래 서로 배우고 더불어 사는 행복한 사람 육성을 목표로 학생과 학부모들에게 전혀 새로운 학교의 모습을 선보였다. 그런 교육이 이루어지고 있는 상주중학교였으니, 학부모들도 학교의 모든 일에 적극적인 것이 당연했다.

"한 달에 한 번씩 학부모들끼리 아이들을 위한 프로그램을 운영했어요. 여름방학이 되면 문화예술인들을 초대해서 예술적 경험이 동반된 체험 프로그램도 진행했고요. 그러다 보니 자연스럽게 서로 간에 끈끈한 유대감이 생겼죠."

이종수 이사장을 비롯한 학부모들은 그런 분위기에서 한발 더 나아가고자 했다. 학교뿐 아니라 지역이라는 공동체 안에서 아이들이 더 다양한 경험을 하길 바랐다. 그런 고민 끝에 만들어진 것이 동고동락협동조합이었다. 여태전 교장을 비롯한 몇몇 상주중학교 교사와 인근 상주초등학교 교장, 지역 원주민 등 42명이 조합원으로 이름을 올렸다.

"가장 먼저 시작했던 것은 아이돌봄이었어요. 학교가 끝난 아이들이 모두 상상놀이터라고 이름 붙인 공간에 모여 어른들과 자연스럽게 이야기도 하고 놀이도 하며 오후를 함께 보냈죠. 경남교육청의 공모사업에 선정되어 다양한 도움도 받았고요. 덕분에 첫 사업이었지만 안정적으로 운영할 수 있었습니다."

당시만 해도 마을 원주민 몇몇을 제외하곤 동고동락협동조합에 큰 관심을 갖는 사람들이 없었다고 한다. 그래서 갈등도 없었다. 이종수 이사장을 비롯해 2~3가구 정도가 정착함으로써 시작된 마을의 변화는 협동조합 설립 이후 본격화됐다.

부모와 함께 성장하는 '우리의' 아이들

동고동락협동조합은 마을과 지역 그리고 그 안에서 생활하는 아이들을 위한 일에 그 누구보다 큰 열의를 갖고 활동했다. 물론 수익에도 신경을 써야 했다. 애초에 금전적 이득을 목적으로 설립된 조합은 아니었지만, 공간을 유지하고 프로그램을 운영하기 위해서는 일정 수준의 비용이 항시 소요될 수밖에 없었다. 그래서 빵집도 열었다. 내가 찾아갔던 바로 그곳이었다.

"최초에는 코로나19로 인해 서울에서의 영업이 힘들어진 제빵 전문가 후배에게 이주를 권하며 시작된 곳이었어요. 대파와 마늘 등 이곳에서 쉽게 구할 수 있는 재료들로 빵을 만들기 시작했는데, 반응이 좋았습니다."

코로나19가 종식되며 이종수 이사장의 후배는 다시 서울로 올라갔다. 하지만 레시피는 조합원들에게 고스란히 남겨뒀다. 그래서 조합원들끼리

반죽을 하고 빵을 굽기 시작했는데, 매출은 오히려 더 올랐다고 한다. 이종수 이사장은 "이유를 정확하게 짐작할 수는 없지만, 우리끼리는 정성이 더해져서 그런 게 아닐까 생각한다"라며 웃었다.

조합원들은 농사도 짓고 있었다. 남해를 대표하는 관광 명소 중 한 곳인 다랭이논은 가천마을에서만 발견할 수 있는 것으로 알고 있는 경우가 많지만, 상주에도 다랭이논이 있다. 다만 농사를 지을 사람들은 점점 줄어들고 있다. 조합원들은 그런 곳에서 아이들과 함께 모내기를 하며 벼를 키우고 있다. 적어도 쌀만큼은 자급자족할 수 있는 시스템을 구축하려고 노력 중이다. 그런데 조합원들의 생계가 이런 일들로 충당되는 것일까?

"모두 각자의 생업은 따로 있어요. 면허를 갖고 있는 전문직 종사자, 교사, 지역 학생들과 관련된 일을 하는 분들, 이곳에서 자신의 아이템으로 창업한 케이스도 있고요. 저처럼 뭐라도 할 수 있지 않을까 하는 막연한 희망으로 온 사람도 있습니다."

이종수 이사장은 "다들 이제 이곳이 익숙해지고 함께하고 있는 공동체가 좋아 아이들을 독립시킨 이후에도 여전히 이곳에서 살아가고 있다"라며 웃었다. 물론 갈등이 없을 수는 없었다. 그래서 중간에 뛰쳐나간 사람도 있었지만 결국 다시 돌아왔다고 한다. 그런 과정을 통해 조합원들의 관계는 더욱 단단해졌다. 그러고 보니, 상주중학교를 다녔던 아이들은 어떻게 지내고 있을까?

"1기생으로 입학했던 아이들은 모두 졸업해서 각자 원하는 삶을 살고 있어요. 그래도 학교 행사가 있으면 모두들 먼 길을 마다않고 내려와 다시 예전처럼 모이곤 합니다."

현재 하는 일은 모두 달라도, 상주중학교를 졸업한 아이들에게는 하나의 공통점이 있다고 한다. 어떤 상황, 어떤 사람 앞에서도 자신의 생각을 논리적으로 그리고 이해하기 쉽게 이야기하는 데 익숙하다는 점이 바로 그것이다. 매주 자신의 관심사에 대해 자유롭게 발표하는 한편, 학기의 주제 수업과 동아리 활동 등도 그 최종적인 결과물은 발표를 통해 제출하는 커리큘럼 덕분이라는 것이 이종수 이사장의 설명이었다.

"학교는 아이들이 자신감을 갖고 삶의 주체성을 키우는 교육을 진행했어요. 그런데 그건 부모 역시 마찬가지였죠. 상주중학교는 학부모에 대한 교육도 진행하는데, 그 교육 과정에서도 삶의 주체성을 많이 강조합니다. 남들이 말하는 대로 사는 것이 아니라 내가 원하는 대로 살아야 한다. 그래서 모든 선택에 있어 스스로 책임져야 한다는 점을 항상 기억하도록 하는 데 목적이 있어요."

그런 교육이 과연 효과를 거두었을까?

아이와 함께, 어른도 성장하는 공간

"작은 애의 중학교 생활에 많은 걱정을 하고 있었어요. 자존감이 상당히 낮은 아이였거든요. 사춘기를 지나며 예민해지는 또래들 사이에서 자기 목소리를 내지 못하는 아이들이 얼마나 힘든 생활을 하는지, 엄마인 저는 잘 알고 있어요. 그래서 어떻게든 방법을 찾아야겠다는 생각에 고민이 많았죠."

김미애 조합원은 창원에서 나고 자라 결혼 후 두 딸을 키우고 있었다. 하지만 작은 딸에게 도시의 학교는 편하지 않은 공간이었다. 특강을 통해 만났던 여태전 교장의 교육관에 깊이 공감하고 있던 김미애 조합원은 상주중학교의 대안학교 전환 소식을 듣게 됐다. 하지만 중요한 것은 당사자인 작은 딸의 의사였다.

"상주중학교 1기 입학생을 위한 설명회에 참석할 때만 해도 아이가 확신을 갖지 못했어요. 집에서 멀어지는 것이 무서울 수밖에 없었으니까. 그런데 교장 선생님께서 아이와 눈을 맞추고 '우리 학교 온나. 재미있게 지내보자'라고 따뜻하게 권하신 덕분에 입학을 결심하게 됐지요."

아직 기숙사가 갖춰지기 전이었던 때라 입학 후 보름 동안은 인근 펜션에서 친구들과 지냈다고 한다. 마치 어른 없이 여행을 온 것 같은 분위기가 조성된 것은 당연한 일이었다. 그래서 엄마에게 전화하는 것도 잊을 때가 빈번했다는 것이 김미애 조합원의 회상이었다.

학부모들을 위한 동창회도 따로 운영됐다. 아직 기반이 잡히지 않았던 터라, 한 달에 두 번씩 학부모들은 상주중학교 인근에 모여 2박 3일 동안 머물며 복닥거리며 생활했다. 그 복닥거림 속에서 다양한 이야기와 생각들이 오갔고, 힘을 모아 학교 행사와 마을 잔치를 무사히 치렀다.

"그러다 보니 자연스레 정이 들었어요. 아이들과 함께 상주에서 생활할 수 있겠다는 생각도 들었고요. 그래서 저도 새로 집을 지어 살기로 결심을 했던 것이지요."

또 다른 대안학교인 보물섬고등학교의 기숙사 사감 교사로 재직 중이기도 한 김미애 조합원은 "인생의 남은 기간은 남해에서 보내게 될 것"이라며 웃었다. 창원에서 혼자 생활하고 있는 남편도 당연히 동의한 계획이었다. 그런 모습이 원주민들에게는 이상해 보일 수밖에 없었다.

"아무래도 그 분들은 자식 키워서 도시로 보내는 것이 일반적이라고 생각하시니까요. 그런데 저희는 아이들 먼저 남해로 보내고 가족들이 따라오니 왜들 저러나 싶을 수밖에 없겠죠."

그래서 원주민들 중에는 아직까지도 동고동락협동조합에 대해 호의보다는 경계를 갖는 경우도 없지 않다고 한다. 조합의 분위기 역시 예전과는 조금 달라졌다는 것이 김미애 조합원의 전언이었다. 코로나19로 인해

조합원들의 정기적인 행사나 모임이 중단된 후, 다양한 모임이 예전만큼 활발한 분위기를 되찾지는 못하고 있다는 것이었다.

"예전에는 한 달에 한 번 '밥먹는데이'를 운영했어요. 기숙사에 있던 아이들이 금요일 오후에 집에 갔다가 일요일 저녁에 돌아오는데, 그런 날은 끼니를 해결하기 애매하잖아요. 그래서 조합원들이 저녁 식사를 준비해서 아이들과 함께 밥을 먹곤 했었죠. 그 많은 인원을 먹일 음식을 장만하고 설거지를 하는 것이 힘들긴 했지만. 지금 돌이켜보면 참 즐겁고 아름다운 순간이었어요."

상주중학교의 운영에 있어 재단과 갈등이 발생하기도 했지만, 그래서 한때 입학생 수가 줄어들기도 했지만, 이제는 모두 수습되어 다시 입학 예정 학생이 늘어나는 등 예전의 모습으로 돌아가고 있다고 설명하는 김미애 조합원이었다.

그의 작은 딸은 중학교 생활을 거치며 누구보다 훌륭한 발표력을 가진 학생으로 성장했고, 이제 사회인으로서 자신의 전공을 살려 남해에서 직장 생활을 할 계획이라고 했다. 학교를 중심으로 한 사람들, 그 사람들이 만든 지역, 지역을 살리는 공동체가 선순환을 이루고 있었다.

하고 싶은 일을 하면서도 살 수 있다는 놀라운 사실

앞서 설명한 것처럼 동고동락협동조합은 상주중학교에 입학한 자녀를 둔 학부모들의 모임으로 시작됐다. 그렇다고 해서 학부모여야만 가입 자격이 부여되는 것은 결코 아니다. 조합원 가입신청서를 작성하고 출자금을 납부하면 누구나 조합원이 될 수 있다. 창원에서 미용사와 요가 강사로 활동하던 한수민 조합원 역시 그렇게 동고동락협동조합의 조합원이 되어 상주에서 생활하고 있다.

"2023년 5월에 남해에서 한 달 살아보기 프로그램에 참여했어요. 카페 알바도 하고 틈틈이 남해 이곳저곳을 여행 다니기도 하고, 음식을 해서 함께 프로그램에 참가한 2, 30대 친구들과 함께 나눠 먹기도 하는 일들이 참 즐겁더라고요."

한수민 조합원은 "그 시간 동안 저 스스로에 대해 더 잘 알게 됐던 것이 무엇보다 좋은 경험"이라고 했다. 창원에서 생활하는 동안에는 누구보다 열심히 살고 있다고 자부하면서도, 자기 자신이 사회가 제시하고 있는 갖가지 기준에 미달하는 것 같아 항상 마음이 바쁘고 불편할 수밖에 없었다는 설명도 이어졌다.

"그게 맞다고 생각했어요. 더 노력해야 하고 더 발전해야 도태되지 않는다는 말들을 많이 듣잖아요. 그래서 아침저녁으로 한 순간도 쉬지 않고 뭔가를 배우고 더 벌기 위해 뛰어다녔는데, 그러다 보니 강박 같은 것이 생기더라고요. 마음도 계속 비어가기 시작했고."

그런 그가 남해에서 생활하며 자신이 원하는 것이 뭔지 알게 됐다. 그리고 상주마을과 동고동락협동조합도 알게 됐다. 그래서 한 달 살아보기 프로그램이 종료된 후 상주에서 새로운 생활을 시작했다.

"이곳에서는 요가 수업을 진행하고 있어요. 창원에서부터 알고 지내던 분이 주선해주신 덕분에 수업을 맡을 수 있었죠. 아무래도 요가 선생님이 부족한 곳이다 보니 이곳저곳에서 불러주시는 경우가 많아요. 덕분에 생활에 있어 큰 어려움은 없지만, 스스로 부족한 부분을 공부하기 위해서는 저 멀리 서울에 다녀와야 한다는 점이 좀 불편하죠."

한수민 조합원은 주말이면 상주해수욕장 백사장에서 해변 요가를 진행하고 있다. 남해를 여행하는 사람들에게는 상당히 인기 있는 프로그램 중 하나로 손꼽힌다.

"저희 조합에서 준비하고 있는 보물섬 인생학교에서도 요가 프로그램을 운영할 수 있기를 바라고 있어요. 이제 고작 마흔에 접어들었으니 다른 분들보다 인생에 대한 경력은 짧지만, 그래도 요가를 통해 자신의 일상을 안정시키는 법에 대해서는 알려드릴 수 있지 않을까요?"

보물섬 인생학교. 동고동락협동조합이 기획하고 본격적인 진행을 앞두고 있는 중점 사업. 그 자세한 이야기를 다시 이종수 이사장에게 들어보았다.

어쩌면 모두에게 필요한 일, 삶의 전환

사람이 살 수 있는 공간이 도시에 한정되어 있는 것은 결코 아니다. 하지만 도시 바깥에서 할 수 있는 일을 찾는 것 역시 결코 쉬운 일은 아니다. 보물섬 인생학교는 그런 고민을 갖고 있는 이들에게 도움을 주기 위해 만들어진 프로그램이다. 운영 주체는 동고동락협동조합이다.

"여태전 교장 선생님의 비전이었어요. 고등학생들을 위한 대안학교뿐 아니라 어른들을 위한 인생학교도 만들어 상주를 교육마을로 만들자는 비전이었죠."

동고동락협동조합이 만들어지면서 그 비전을 조금씩 구체화하기 시작했다. 그러던 중 남해군의 도움으로 2021년 국토부 사업으로 선정되며 보물섬 인생학교를 만드는 작업은 더 빠르게 진행됐다. 물론 중간에 이런저런 갈등이 없을 수는 없었다. 약 200억 원에 달하는 예산이 집행되는 사업이었으니까.

"당연히 저희 내부의 갈등은 아니었어요. 외부에서 딴지가 많이 들어왔죠. 그래도 지금은 다시 정상 궤도에 올라 2024년 가을쯤에는 프로그램을 운영할 계획을 세우게 됐습니다."

보물섬 인생학교는 지역 소멸에 대응하는 방법 중 하나로 인재 양성에 초점을 맞춘 프로그램을 중심으로 운영될 예정이라고 했다. 경남평생교육진흥원이 남해대학과 연계해 동고동락협동조합에 제안한 내용이기도 했다. 그래서 젊은 연구자들과 전국 단위 활동가들 20여 명이 참여한 조직을 구성해서 다양한 프로그램을 개발했다고 한다.

"무엇보다 지역에 대한 이해가 기본이 되어야겠죠. 아울러 도시에서와는 다른, 생태적인 삶에 대한 교육이 되어야 하고요. 우리의 삶을 직접적으로 위협할 정도로 극심해진 기후 위기도, 그 본질적인 부분은 끊임없이 소비해야 유지되는 자본주의와 맞닿아 있다고 생각해요. 그래서 자본주의의 한계에 대한 논의가 늘어나고 있는 것이고요."

이종수 이사장은 "농사도 기존의 관행농법이 아닌 인문학적, 철학적 담론이 담긴 재생농법 등 새로운 형태로 이어나가는 방법을 강구하고 있다"라고 했다. 지속가능성을 높이기 위해서는 소비가 아닌 환원과 재생이 필수적이라는 의미였다. 그리고 그 중심에는 공동체가 있어야 한다고 힘주어 말했다.

“물론 요즘은 개인화, 파편화가 대세이기는 하죠. 하지만 공동체에서만 찾을 수 있는 지혜와 즐거움도 분명히 존재합니다. 그리고 동고동락협동조합은 그런 지혜와 즐거움을 찾는 분들에게 항상 열려 있는 곳이고요.”

당장 모든 것을 정리하고 귀농귀촌을 실천해야 한다는 뜻은 결코 아니라는 이종수 이사장은 “그 지역과 공간이 내 신체가 적응할 만한 곳인지 반드시 확인해야 한다”라고 강조했다. 말로는 설명할 수 없는, 살아봐야 알 수 있는 부분이 반드시 존재하기 때문이라고 했다.

“도시 바깥에서의 삶이 어느 정도의 지속가능성을 갖고 있느냐고요? 글쎄요. 정확한 수치는 모르겠지만, 저희는 그 가능성을 더 크게 만드는 것을 목표로 하고 있어요. 이런 작은 마을에 자립적 생태계를 구축할 수 있다면, 충분한 대안이 될 수 있겠죠?”

이종수 이사장은 2027년쯤이면 보물섬 인생학교의 운영이 안정기에 접어들 것이라고 했다. 그 설명에 나는 앞으로도 시시때때로 빵을 핑계로 남해를 자주 넘어 다니게 될 것임을 직감하게 됐다.

〈동고동락협동조합〉 키워드

1. **철학이 있는 리더의 중요성, 여태전 교장 :** 상주중학교는 원래 평범한 사립 중학교였다. 수십 년 동안 이어진 이촌향도와 급격히 진행된 고령화로 인해 폐교 위기에 몰리자, 재단은 상주중학교를 경남 최초의 대안교육 특성화 중학교로 전환하며 대안교육에 있어 누구보다 활발한 활동을 해온 여태전 교장에게 운영을 맡겼다. 그리고 그의 부임 소식에 많은 이들이 남해로 모여들었다. 남들처럼 살아야 한다는 강박으로부터, 도시에 살지 않으면 낙오된다는 두려움으로부터 벗어나려는 적극적인 이들이었다. 그리고 여태전 교장은 그런 이들과 그들의 자녀들과 함께 마을교육 공동체의 기틀을 세워나갔다. 그래서 여태전 교장이 퇴임한 지 벌써 2년이 지난 지금도 동고동락협동조합과 상주중학교 곳곳에는 그의 바람과 철학이 그대로 남아 있다. 평생을 한 가지 목표를 향해 걸어온 이의 발자국이 새로운 길이 되어 더 많은 이들을 이끈 현장이기도 하다. 2022년 3월 퇴임사에서 "보물섬 인생학교가 건립되면 다시 돌아올 것"이라는 그의 약속이 곧 실현될 날이 머지않았다.

2. **공동체는 분명히 힘이 된다 :** 이제 많은 사람들이 서로의 간격을 더 멀리 유지하기 위해 노력하고 있다. 이는 도시에서 특히 자주 발견되는 현상인데, 어쩌면 지나치게 인구밀도가 높은 도시에서 개인으로서의 존엄이 너무나 쉽게 무시되는 것에 대한 반작용이 아닐까 싶다. 귀농귀촌을 염두에 두고 있는 이들 중에도 불특정 다수에 의해 심한 상처를 입은 경우가 적지 않다. 그래서 가급적이면 사람이 없는 곳에서 동떨어져 생활하기를 바라는 이들의 숫자가 늘어나고 있다. 실제 귀농귀촌 교육에서도 "굳이 기존 원주민들과 섞이기 위해 노력할 필요는 없다"라고 교육하기 시작했다고 한다. 하지만 이는 낯선 공동체에 대한 이야기일 뿐, 같은 목적을 위해 모인 비슷한 성향의 사람들끼리라면, 사람들에게 한발 더 나아가는 것이 좋은 방법이 될 것이다. 같은 목적을 갖고 있는 비슷한 성향의 사람들이라면, 서로가 서로에게 위안이 될 수 있을 테니까.

3. **우리 모두에게 가능한, 교육을 통한 행복 찾기 :** 학령기의 아이를 키우고 있는 부모라면, 학군지에서 아이를 키우지 않는 것이 부모로서의 책임을 방기하는 것은 아닌지 고민될 때가 있을 것이다. 하지만 그 학군지에서 학교를 다니며, 다양한 사교육을 마친 아이들은 모두 행복할까? 모든 것을 쏟아

부어 아이를 뒷바라지한 부모들은 과연 행복할까? 교과과정 이외의 것들, 특히 일상에서 마주치게 되는 다양한 상황에서의 대처와 마음가짐은 부모로부터 배우는 것이 가장 바람직하다. 그런 부모들이 자녀들에게 줄기차게 부족함을 일깨우고 더 노력해야 한다며 채근하는 모습만 보인다면, 아이들은 어떤 게 행복한 상황인지 모른 채 성장할 수밖에 없다. 부모가 행복하지 않으면 아이가 행복할 수 없기에 부모 역시 스스로 행복할 수 있는 교육을 받아야 한다. 그리고 인생의 주체가 누구인지 알아가는 것이 바로 그 행복을 위한 교육의 첫걸음이라는 것이 보물섬 인생학교의 교육 모토다.

〈동고동록협동조합〉 생생 취재 후기

– 대안교육현장을 처음 경험했던 것은 2000년대 초반이었다. 서울 인근에 위치한 곳이었는데, 학교라고 부르기엔 너무 작은 건물에서 학생이라고 부르기엔 너무나 밝고 활기찬 아이들이 마음껏 뛰어놀던 모습이 지금까지 생생히 기억에 남는다. 특히 커다란 사마귀를 잡아서 내게 자랑스럽게 보여주던 개구쟁이 여학생들의 얼굴은 마치 그림책에서나 나올 법한 장난기로 가득 차 있었다. 그곳을 취재한 이후, 한동안은 대안학교에 대해 이런저런 검색과 공부를 하기도 했다. 당시에는 교육청에서 학력을 인정하는 대안학교는 전혀 없던 상황이었고, 학교 운영비 역시 학부모들이 100% 부담해야 했다. 그런 학교를 만들고 아이를 보내는 부모들과 그런 부모를 둔 아이들이 참 부러웠다.

– 나의 아이들이 현재 다니고 있는 초등학교는 전교생이 60명 안팎인, 한 학년이 한 반으로 구성된 작은 초등학교다. 그렇기에 일반적인 초등학교들보다 다양한 프로그램들로 운영되고 있다. 다만 학부모들의 참여는 그다지 활발하지 않다. 각종 학사 일정에 정족수를 채워야 하는 학부모를 모으는 것도 쉽지 않은 상황인 것이 사실이다. 물론 각자의 생업이 워낙 바쁜 탓이다. 나 역시 아이들의 생활에는 관심이 많지만 학교에서 일어나는 일에 대해서는 아내를 통해 듣는 경우가 더 많다. 출장을 다녀오면, 길게는 3박 4일 동안도 집을 비워야 하는 상황이 적지 않기 때문이다. 그래서 동고동락협동조합의 구성원들이

얼마나 대단한 결심을 갖고 남해로 향했는지 짐작이 간다.

– 그런 동고동락협동조합의 분위기도 예전과는 조금 달라졌다고 한다. 코로나19로 인한 집합금지 명령 이후 분위기가 이어지지 못한 탓이다. 학교 운영에 대한 기틀이 잡히자, 모든 것을 스스로 고민하고 정의해야 했던 초기 조합원들보다는 아무래도 머리를 맞대야 할 일 자체가 적어진 것도 이유 중 하나다. 게다가 사회의 분위기도 그렇게 흐르고 있다. 상주중학교에 다니는 아이들에게서도 변화가 감지된다고 한다. 주말을 맞아 집으로 돌아가기 전날에는 늦은 시각까지 공부를 하는 아이들이 적지 않게 눈에 띄는데, 부모님과 약속한 분량의 숙제를 해치우기 위함이라고 한다. 주말 내내 학원과 과외로 모든 시간을 채우고 학교로 돌아오는 경우도 있다고 한다. 평일은 즐거운 학교에서, 주말은 치열한 사교육 현장에서 생활하는 아이들이라니. 이해를 하자고 덤벼들면 못할 것도 없지만, 굳이 그래야 할까 싶은 생각이 머릿속을 떠나지 않는다.

– 어떻게 살 것인가를 고민하는 이들은 이제 어디서 누구와 생활할 것인가를 진지하게 고민해야 할 때가 됐다. 도시에서 자기주체성을 갖는 것은 정말 힘든 일이 되어 버렸다. 이토록 많은 사람들로 둘러싸인 공간에서는 나의 생활이 내가 원하는 것인지, 타인이 혹은 사회의 욕망이 강제하는 것인지 알 수 없기 때문이다. 도시 바깥으로 나가면 다시는 돌아올 수 없을 정도의 격차가 발생한 것도, 그 격차가 빠르게 심화되고 있는 것도 선뜻 다른 선택을 할 수 없게 만드는 중요한 요소다. 우리는 언제까지나 더 많은 소득을 바탕으로 더 많은 소비를 하며 지금보다 더 풍족한 생활을 할 수 있을까? 그렇게 생활하는 것이 과연 나를 나답게 만드는 과정에서 느끼게 되는 진정한 행복인 것일까?

시골에서 생활한 지도 벌써 10년이 넘었지만, 나는 여전히 주변인이다. 농업과 관련된 취재를 6년째 담당하고 있지만, 나는 여전히 직접 관계자가 아니다. 그러다 보니 순간순간 느껴지는 모자람, 갈증 같은 것들이 마음 한 구석에 가라앉아 있음을 인식하게 될 때가 있다. 요즘 발표되는 각종 귀농귀촌 지원정책을 보면 아쉬운 마음이 드는 것도 그런 이유 때문이다. 우리 부부가 읍 지역으로 이사를 결정했을 당시 그런 정책이 있었다면 좀 더 다양한 가능성을 염두에 두고 시골에서의 생활을 계획했을 텐데, 그 규모가 크지는 않지만 경제적인 뒷받침도 기대할 수 있었을 텐데 싶어서 말이다. 뒤늦게 귀농귀촌교육에 참가한 이유 중 하나는 바로 이러한 개인적인 아쉬움을 털어내기 위함이었다.

6장 | 농업 전문 취재 작가의 귀농귀촌교육 참가기

출처 : 저자 제공

농업과 관련된 취재를 진행한 지도 벌써 6년째에 접어들었다. 선진 농법이나 경영을 통해 앞서나가는 선도농가부터 다른 산업 분야의 신기술을 접목해서 농업을 더 풍요롭게 만드는 스타트업, 농촌은 즐겁다는 사실을 더 많은 사람들에게 알리고 있는 마을 주민들까지 정말 다양한 이들을 만날 수 있었다.

그런 경험들 덕분에 농업과 농업인 그리고 농촌에 대해 남들보다는 좀 더 잘 알게 됐지만, 내가 직접 농사와 연관된 일을 하는 것은 아니었기에 아무래도 핵심에 다가서는 데에는 한계가 있다는 아쉬움이 들곤 했다.

물론 지금도 시골에 살고 있는 것은 마찬가지지만, 궁극적으로는 농업을 통해 경제적 수익을 올리는 것이 가장 안정적인 생활을 영위할 수 있는 방법이 되지 않을까 하는 생각을 종종 하기도 했다.

그래서 2024년 7월 12일부터 15일까지 영암군귀농귀촌협회에서 진행한 귀농귀촌교육에 참가하기로 했다. 정확한 명칭은 '농업 일자리 탐색

교육 - 이론 및 체험'이었다. 3박 4일 동안 이어지는 교육의 정원은 20명. 늦지 않게 신청했고, 자부담 비용 입금에 대해 안내받았다. 그리고 정해진 날짜에 맞춰 교육장인 영암서울농장에 도착했다.

1일차 - 전국에서 영암으로

영암에 도착한 것은 정오가 조금 안 된 때였다. 인근에 취재가 잡히면 항상 들르곤 하는 국밥집에서 점심을 먹고, 약 10분 거리의 영암서울농장으로 차를 몰았다. 공지된 시간보다 30분 정도 일찍 도착했지만, 나보다 먼저 교육을 기다리고 있는 사람들이 벌써 강의실 곳곳에 가방을 놓아 둔 것이 눈에 들어왔다.

'그래, 귀농귀촌을 염두에 두고 있으면 이 정도 부지런함은 갖춰야지.'

나는 맨 뒷줄의 구석에 자리를 잡았다. 노트북을 켜고 자료집을 가져오고 주변을 정리하는 동안 사람들이 강의실로 속속 들어오기 시작했다. 대부분은 60대 이상이었고, 부부 참가자도 세 쌍이 있었으며, 30대 중반의 젊은 커플도 있었다. 첫 시간은 영암군과 이번 교육을 담당하는 영암군귀농귀촌협회에 대한 소개로 채워졌다.

영암은 이제 여름을 대표하는 농산물 중 하나로 꼽히는 무화과의 산지로 유명한 곳이다. 전국에서 유통되는 무화과의 60% 정도가 영암에서 생산되고 있을 정도란다. 그래서 영암에서는 무화과를 재배하면 100%

농협에서 수매한다고 한다. 군에서 실시하는 교육도 다양하고 무화과에 대한 정보도 가장 풍부하기 때문에 귀농인이 도전하는 데 상당히 유리하다는 설명도 이어졌다.

무화과가 귀농인에게 무엇보다 유리한 부분이 '생과가 수입되지 않는 작물'이라는 대목에서 많은 이들이 눈을 반짝였다. 제과제빵용으로 사용하는 건무화과의 경우 수입 비중이 높지만, 일반적으로 먹는 무화과는 전량이 국내산이라는 의미였다. 농업인들에게 상당한 의미를 갖는 부분이기도 했다.

농촌으로의 정착에 대한 설명도 이어졌다. 명심해야 할 첫 번째 사항은 '절대 집부터 장만하지 말라'라는 점이었다. 우선 3년 정도는 살아보며 농업, 농촌과 스스로가 잘 맞는지 살피는 과정이 필요하다는 이유 때문이었다. 그런 과정을 생략할 경우 상당한 위험부담을 감수해야 한다는 점을 몇 번이나 강조했다.

이어 영암군귀농귀촌협회에 대한 소개가 이어졌다. 말 그대로 영암군으로 귀농귀촌한 사람들이 조직한 협회인데, 영농은 물론 생활과 관련된 고충에 대해서도 도움을 주고 있다고 한다. 이유는 모두 다르겠지만, 농촌과 농업을 통해 새로운 삶을 시작한 이들의 모임이기 때문에 귀농귀촌인들의 어려움을 누구보다 잘 알고 있는 단체일 수밖에 없다는 설명에 이번에도 많은 이들이 고개를 끄덕였다. 영암뿐 아니라 귀농귀촌이 활발한 곳이라면 어디든 귀농귀촌협회가 있으니 실제 이주에 앞서 반드시 상담받기를 바란다는 당부에 무언가를 적는 이들도 많았다.

잠시 쉬는 시간 이후에는 귀농 성공담에 대한 강의가 시작됐다. 강사는 10년 전 강진으로 귀농해서 참다래, 사과대추, 무화과, 만감귤을 친환경으로 재배하며 농사에 있어서 자타가 공인하는 명인 반열에 오른 김옥환 대표였다. 현재는 '올바른농장'을 운영 중이라고 했다.

농사만 잘 지은 것은 아니었다. 과일 표면의 털을 모두 벗겨낸 세척 참다래를 개발하는 한편, 후숙 완료 참다래와 후숙 중인 참다래를 한 상자에 구분 포장해 순서에 따라 먹게 함으로써 소비자들이 항상 최고의 맛을 즐길 수 있도록 상품을 기획해서 큰 호응을 이끌어냈다. 이와 같은 노력 덕분에 농업진흥청이 주관하는 2021년 농산업 경영혁신사례 경진대회에서 최우수상을 수상하기도 했다.

그야말로 귀농의 귀감이 될 만한 분임에는 틀림없었지만, 마을에 전입신고를 하며 동네잔치를 열었다는 대목에서, 특히 지역 가수까지 초대하는 잔치를 열었다는 대목에서 어지간한 사람은 쉽게 따라할 수 없겠다는 생각이 머릿속을 가득 채웠다.

오후 1시부터 시작된 첫날 강의는 오후 6시가 다 되어 끝났다. 강의가 끝난 후에는 모두 식당으로 이동해 저녁으로 도시락을 먹었다. 전라남도에서 진행되는 교육이니만큼 좀 더 다양한 음식을 먹을 수 있는 기회가 제공됐다면 좋았겠지만, 인근에는 식당이 없었다. 중견기업 인사교육 담당자로 근무 중인 친구가 "단체 교육의 성패는, 제공되는 식사에 의해 좌우된다"라고 힘주어 말하던 것이 떠올랐다.

물론 그렇다고 해서 도시락이 부실했다는 의미는 전혀 아니다. 어느 지방에서 도시락에 갑오징어 초회를 넣어주겠는가. 중독적인 식감과 풍미의 갈치속젓을 밑반찬으로 넣어주는 곳 역시 전남이 아니면 찾아보기 힘들 것이다. 숙소의 방 이름을 고구마, 무화과, 달마지쌀, 대봉감, 메론으로 명명한 것도 영암이기에 가능한 일이었다.

나는 고구마방에서 성남과 동탄, 수원에서 먼 길을 달려온 60대 교육생들과 함께 3박을 했다. 모두 좋은 분들이었다. 덕분에 한 번도 제대로 시청한 적이 없던 〈나는 자연인이다〉를 더 없이 진지한 분위기에서 단체 관람할 수 있었다. 어디에서도 못할 경험이었다.

2일차 - 다양한 농업 현장으로

미리 배부된 일정표 중 가장 먼저 눈에 들어오던 날은 이틀째였다. 오전 8시부터 무화과밭 견학, 농산물 가공공장 방문, 마을 및 지역 일자리 탐색, 6차산업과 문화예술형 일자리 탐색 등으로 저녁 8시까지 일정이 빽빽하게 채워져 있었기 때문이다. 그중 가장 기대가 되던 것은 무화과밭 견학이었다. 7월 중순부터 무화과를 시작하는 곳들이 적지 않으니 직접 작업도 할 수 있지 않을까 싶었다.

그런 기대는 출발 전 강의실에 모였을 때 극대화됐다. 견학할 농장을 운영하고 있는 귀농 부부가 무화과잼으로 속을 채운 토스트와 무화과즙을 넉넉히 돌리며 무화과에 대해 설명을 시작했던 탓이다. 이미 아침 식사를 마친 터였지만, 나를 포함한 교육 참가생들은 무화과의 신비한 마력 때문에 각자에게 주어진 음식을 끊임없이 먹고 마셨다.

그러는 와중에 무화과와 무화과 농사에 대한 짧은 설명이 진행됐다. 일반적으로 과수는 정식(모종이나 묘목을 밭에 옮겨 제대로 심는 것) 이후 3년은 지나야 소득을 기대할 수 있지만, 무화과는 삽목(나무 줄기를 잘라 땅에 심어 뿌리를 내리게 하는 것)한 그 해에 적은 양이나마 수확이 가능하다는 점을 강조했다. 물론 그래봤자 묘목값 정도 회수하는 것이 전부지만, 첫해 농사에 그 정도의 수확을 기대할 수 있는 작물은 무화과가 유일하다는 말에 많은 이들이 큰 흥미를 보였다.

무화과 농사는 보통 7월부터 10월까지 넉 달 동안 이어지는 수확철이 가장 바쁜 시기다. 이 기간 동안은 매일 같이 무화과를 수확해서 서울로 올려 보내는데, 덕분에 매일 결제대금이 입금된다고 한다. 그렇게 부부 2명이 가끔 사람을 불러 함께 일을 하며 1년 동안 올리는 소득은 약 8,000만 원 정도다. 내년에는 좀 더 열심히 해서 1억 원을 넘기려고 한다는 계획에 곳곳에서 감탄사가 터져 나왔다.

도시에서라면 은퇴했을 연령대의 부부가 1년 중 8개월 정도를 하루 5시간 동안 일하며 벌어들이는 소득으로는 상당한 액수라는 데에 모두 공감했기 때문이었다.

농사짓는 법을 배우는 과정에 대해서도 크게 걱정할 것은 없다고 했다. 귀농귀촌협회를 통해 다양한 도움을 받을 수 있는데, 특히 무화과에 대해 함께 공부하는 모임이 있어 빠른 시간 안에 전문가로 성장할 수 있다는 설명도 덧붙여졌다. 농장주로부터 "세상에서 무화과 농사처럼 쉽고 돈 되는 농사도 없다"라는 말이 나온 이상 더 이상의 설명은 필요 없을 정도였다.

게다가 그렇게 재배한 무화과는 농협을 통한 수매가 아닌 선계약한 도매업체로의 납품 혹은 소비자와의 직거래로 판매되고 있어 제값을 받을 수 있단다. 부부합산 연봉 1억 원을 목표로 하는 비결이기도 했다. 나는 얼른 무화과 농사를 짓지 않으면 시대의 흐름에서 낙오될 것 같은 불안감을 느낄 정도였다.

그래서 잠시 쉬는 시간에 아내에게 전화를 걸어 "무화과야 무화과! 당신이 좋아하는 무화과에 우리 미래가 달려 있어"라며 영암으로의 이사를 적극 고려하자고 닥달했지만, 아내는 애들 점심 차려줘야 한다며 전화를 끊었다.

두 번째로 방문한 곳은 농산물을 이용해 가공품을 만드는 곳이었다. 결코 쉽지 않았던 인생역정 끝에 어육(魚肉)간장을 비롯한 갖가지 발효음식으로 영암을 대표하는 전통식품회사로 우뚝 선 곳이었다. 이미 다양한 TV프로그램에 여러 차례 소개된 바 있을 정도로 높은 인지도를 자랑하고 있었는데, 그에 걸맞게 고풍스러운 외관의 건물과 많은 이들을 동시에 수용할 수 있는 체험장 겸 강의실도 잘 준비되어 있었다.

다만, 발효음식의 특징이 보통 그러하듯 농사보다는 오랜 시간 공을 들여야 하는 일이기에 무화과 농사에 대한 설명을 들을 때만큼의 집중도는 관찰되지 않았다. 남자들이 더 많은 인원구성상의 특징 때문이기도 했을 것이다. 대표님께서 "전통 기법으로 발효시킨 술도 있는데"라는 운을 띄우기 전까지는 그러했다.

어디선가 등장한 노르스름한 술이 한 순배 돌자 분위기는 금세 고조됐다. 이 역시 남자들이 더 많은 인원구성상의 특징 때문이었을 것이다. 거기에 대표상품인 어육간장의 맛을 보게 됐으니, 실내는 금세 북적거릴 수밖에 없었다.

직접 메주를 빚고 띄운 간장에 도미, 박대, 농어 등 고급생선과 한우를 넣어 발효시킨 어육간장은 시중에서 쉽게 볼 수 없는 귀한 제품이었다. 마치 섬광처럼 빛나는 짜릿한 짠맛 속에 다양한 감칠맛이 폭약처럼 응축되어 있었다. 물에 희석해서 끓이기만 해도 그대로 국이 될 것 같았다.

영암으로의 귀농귀촌이 아니더라도, 발효에 대해 관심이 있다면 반드시 연락을 해달라는 감사한 당부를 뒤로 하고, 세 번째 목적지로 향했다.

약 20여 분을 달려 도착한 곳은 남쪽으로 월출산을 조망할 수 있는 모정마을이었다. 20년 전 고향으로 돌아와 마을공동체 살리기 운동에 앞장선 김창오 위원장이 활동하고 있는 이곳에서의 강의는 마을 초입에 위치한 작은 도서관에서 진행됐다.

단정한 한옥으로 지어진 작은 도서관에 모여 앉은 교육생들에게 김창오 위원장이 당부한 첫 번째 사항은 "시골에서 농사지으려 하지 말라"라는 것이었다. 조금 전까지 무화과 농사에 대해 구체적 계획을 세우고 있던 이들은 깜짝 놀랄 수밖에 없었다. 요지는 이러했다.

"농사는 육체적으로 왕성할 때 도전해야 하는 일이다. 청년들 같은 경우는 귀농을 선택하는 것이 바람직하다. 아주 좋은 선택이라고 생각한다. 하지만 은퇴를 앞두고 있다면 자신의 신체적 능력에 대해 충분히 숙고해 봐야 한다. 그렇지 않고 덤벼들면 시골살이는 후회로 가득 차게 될 것이다."

설득력 있는 설명이었다. 특히 사무직으로 오랜 기간 근무했던 이들에게는 상당한 설득력이 있는 설명이었다. 그렇다고 해서 귀촌까지 포기하라는 의미는 아니었다. 영어 교사였던 김창오 위원장도 서울에서 생활하던 중 홀로 생활하시는 어머니의 병구완과 세 아이의 교육을 위해 고향으로 돌아온 후 농사가 아닌 마을을 돌보는 일을 맡아 생활해왔다.

그가 이야기한 '마을 일'은 크게 두 가지였다. 첫 번째는 마을의 공동체 정신을 되살림으로써 더 많은 이들이 찾고 싶어 하는 마을을 만드는 거시적인 일이었다. 이를 위해 김창오 위원장은 마을을 네 개 권역으로 나눠 곳곳을 저마다의 주제에 맞추어, 그리고 전통을 살려 새롭게 단장했다.

마을의 전경만 달라진 것은 아니었다. 명맥이 끊길 뻔한 마을축제도 복원했고, 마을고유의 놀이를 공연으로 발전시키기도 했다. 이런 노력은 마을 주민들로부터는 물론, 외부에서도 크게 인정받아 농림축산식품부에서 주관하는 2018년 행복마을 콘테스트에서 은상을 수상하기도 했다.

물론 미시적인 작은 일도 중요하다. 마을에서는 일주일에 한 번씩 마을 청소를 위한 울력이 진행되는데, 보통은 새벽 5시쯤 모여 시작한다고 하니 농사가 아닌 다른 일에 종사하고 있는 사람들로써는 참여하는 것이 쉬운 일은 아니다. 그래서 가급적이면 울력이 끝난 후 주민들이 나눌 수 있는 간식 등으로 성의를 보이는 것이 중요하다고 했다.

연례 마을 모임이나 행사가 있을 때도 적극적으로 참여하는 것은 더욱 중요하다. 그런 행사에 참여함으로써 마을 사람으로 인정받기 시작한다는 것이었다. 시골 마을들 중 상당수는 다양한 콘텐츠를 갖고 있음에도 중심 역할을 할 누군가가 없어 새로운 마을로의 전환이 어려운 실정이다. 그래서 농촌에서는 새로운 시각으로 새로운 마을을 만들 수 있는 사람이 그 어느 때보다 필요하기 때문에 시골에서 반드시 농사만을 생각해야 할 필요는 없다는 것이 김창오 위원장의 설명이었다.

마을 사람으로 인정받기까지 소요되는 시간은 보통 3년이라고 했다. "그동안은 집을 사지 말고 이장 등에게 문의해 빈집을 빌리거나 살아보기 프로그램을 활용해서 마을을 탐색하는 기간을 갖는 것이 필수적"이라는 조언은 이번에도 예외가 없었다. 그만큼 생활의 모든 것이 달라지는 것은 상당한 위험을 부담해야 하는 선택이라는 의미였다.

다시 버스에 올라 마지막 목적지로 향했다. 중간에 유명한 두부집에 들러 저녁 식사도 했는데, '남도 밥상의 김치는 묵은지가 기본'이라는 철칙을 모범적으로 준수하는 곳이었던 터라 매우 흡족한 두부김치찌개를 먹을 수 있었다. 평일에는 대기표를 받으며 기다려야 식사를 할 수 있는 곳이라는 설명도 금세 납득이 갔다.

마지막으로 도착한 곳은 전국적으로도 손꼽히는 대봉 산지에 위치한 체험농장이었다. 대봉 농사를 지으며 전통차, 꽃차 체험을 운영하는 곳이었는데 그곳 대표님은 우리에게 "대봉 농사는 무화과 농사에 비교할 것이 아닐 정도로 쉽다"라며 몸 피곤한 무화과 농사 말고 감나무를 심으라고 했다.

물론 농담이 많이 섞인 이야기였지만, 실제 영암은 그 해의 대봉 시세가 결정되는 곳으로 손꼽힐 만큼 많은 농가들이 대봉 농사를 짓고 있었다. 다만, 이미 나무가 심어져 있는 과수원을 인수하는 것이 아닌 이상 3년은 기다려야 제대로 된 수확이 이루어진다는 점을 기억해야 한다.

그래서였을까? 사람들의 관심은 감 농사보다는 체험장으로 사용하고 있는 한옥과 주위의 크고 작은 과수나무들에 쏠렸다. 특히, 야생과 다름없는 자두의 신맛에 다들 정신을 번쩍 차리는 모습들이 재미있었다.

한옥 안으로 들어간 이들을 기다리고 있는 것은 커다란 전기팬들이었다. 메리골드를 이용해서 꽃차를 만드는 체험을 위한 준비물이었다.

'이거 제대로 하려면 시간 꽤 잡아먹는데….'

나는 덜컥 걱정이 됐다. 몇 번이고 촬영했던 아이템이기에 "정석대로 하려면 적어도 1시간 이상은 뭉근한 온도에서 수분을 날려 줘야 한다"라는 설명을 여러 차례 들었던 터였다.

다행히 그곳에서 준비해놓은 메리골드는 거의 다 마른 상태였다. 10분 정도만 더 볶으면 남은 수분을 모두 날릴 수 있을 것이라고 했다. 그리고 함께 둘러앉은 5명의 참가자들 중 최연소였던 내가 대략 7분 정도를 열심히 젓고 뒤적였다.

그렇게 완성된 꽃차를 나눠 담을 병이 사람들 사이로 전달됐다. 꽃차는 발로 꾹꾹 눌러 담아야 할 정도로 양이 많았다. 넉넉한 인심이 눈으로 확인되는 순간이기도 했다. 덕분에 돌아가는 버스에 오르는 발걸음은 약 10시간 동안 이어진 외부활동을 마친 것 같지 않게 가벼웠다.

3일차 - 강의, 강의, 강의

세 번째 날은 전날과 전혀 다른 일정으로 채워졌다. 이틀째 일정이 내내 돌아다니며 귀농귀촌의 다양한 사례를 현장에서 견학하는 데 집중되어 있던 반면, 이날은 하루 종일 강의실에 앉아서 강의를 들어야 했다. 오전 9시부터 오후 9시까지.

첫 시간은 농촌 지역의 특징과 지역사회에 대한 이해를 주제로 강의가 진행됐다. 인근 대학교에서 학생들을 가르치는 교수님이 강의를 이끌었는데, 농촌의 노인들을 위한 각종 복지 서비스 종사자에 대한 수요가 상당히 많다는 내용에 이르자 많은 이들의 관심이 집중되는 것을 느낄 수 있었다. 특히 부부가 함께 교육에 참가한 경우는 더욱 그러했다.

교수님도 그런 부분에 대한 관심이 많다는 사실을 평소 잘 알고 있었는지, 사회복지사와 생활지도사의 차이점에 대해 자세한 설명을 이어갔다. 참가자들도 다른 강의 시간보다 활발하게 질문을 했다. 그렇게 오전이 지났다.

점심 식사 이후에는 농업기술센터에서 오랫동안 근무했던 강사께서 '의외로 다양한 농촌형 일자리'를 주제로 강의를 시작했다.

이 시간 역시 농촌에서 농업 이외의 일을 통해 경제적 소득을 올리는 방법에 대한 내용으로 채워졌다. 특히 농업과 관련되어 새롭게 파생된 다양한 직업들에 대한 소개가 주를 이루었는데, 그중 도시인들의 농업에 대한 이해를 높이는 데 도움을 주는 도시농업관리사에 대한 설명 비중이 높았다. 실제로 근래 도시농업관리사 자격증은 기존의 유기농업기능사, 종자기능사, 조경기능사 자격증 소유자들이 많이 취득하고 있는 자격증이라고 한다.

도시농업기능사의 주된 업무는 주말농장 등 도시 내에서 운영되고 있는 각종 농업 시설 내의 작물을 관리하는 데에 초점이 맞춰져 있다. 이에 더해 그러한 도시 내 농경지를 이용하는 이들과의 커뮤니티를 형성해서 재배 기술이나 계획을 공유하는 등의 활동도 병행해야 한다. 이미 어느 정도의 은퇴 자금이 확보된 상태에서 귀촌을 선택한 경우, 생활비 정도는 충당할 수 있는 소득을 기대할 수 있다. 많은 수의 청년 농업인들도 부업으로 도시농업기능사로 활동하는 경우가 많은 상황이다.

2시간 동안 진행된 강의가 끝나자 오후 3시였다. 이제 남은 강의는 한 명의 강사에 의해 5시간 동안 진행될 예정이었다.

사흘째 되던 날의 세 번째 강의는 그동안의 견학과 체험, 이론 등을 모두 아우르는 내용이었다. 그래서 범위도 넓었고 항목도 많았다. 대강 정리하자면 다음과 같다.

– 귀촌 전에 각종 지원을 받을 수 있는 최소한의 자격을 갖는 것이 중요함(귀농귀촌 교육 최소 8시간, 최대 250시간)

– 교육 시간 및 귀농귀촌 인원에 따라 지원 심사 시 가산점이 달라짐

– 도라지, 고사리 등의 임산물도 농업경영체를 통해 재배하면 농업. 산림청은 재배지에 상관없이 임산물에 대해 지원 프로그램을 운영. 자신의 목표에 맞는 지원 주체 확인 필요

– 7월 말부터 도시 내 공실을 이용한 스마트팜 등 수직 농업 경영인에 대해서도 농업인으로 분류

– 귀농귀촌과 관련된 구체적인 자금 계획을 세우는 과정에서 농업기술원이나 농업기술센터 등을 방문해 전문가와 상담

– 재배 기술 등에 대한 공부도 필요. 판매 및 마케팅에 대해서도 고민 필요

– 청년농업인 숫자가 늘어나고 있는 상황. 2024년에는 5,000명

– 농촌 생활에 있어서 다양한 고민 필요

– 그린대로 홈페이지의 귀농닥터 활용 추천

– 1년 차에는 지자체 등에서 운영하는 현장실습농장에서의 경험 추천. 농업인만 참가 가능하니 농업인 자격 요건 획득 필수

– 청년은 청년농업사관학교 추천

- 지자체 등에서 운용 중인 농업 보조금을 잘 활용해야 함. 대출 부담을 줄이는 가장 좋은 방법
- 농업에 비전이 있다면 마이스터 대학 졸업까지 목표로 하는 것이 바람직함
- 농기계 교육 이수를 해야 농기계 대여 가능
- 자금 지원을 받기 위해서는 꼼꼼한 사업계획서 작성이 필수
- 농림수산업자신용보증기금으로부터 지원 가능 금액 확인을 받은 후 본격적인 귀농 준비
- 귀농 1년 이내, 가족 4명, 250시간 교육 이수한 상황이면 최고 등급
- 사업계획서 작성 시에는 소득 작물에 대한 사업비를 정확하게 산출(농촌진흥청 전국 지역별 농작물 소득자료 참고)
- 귀촌 후 귀농으로 자격 전환 후에도 자금지원 신청이 가능하니 귀촌을 먼저 선택하는 것도 좋은 방법
- 농작물 및 가공품의 브랜딩을 위해서는 특허정보검색서비스의 키프리스에서 상품명 검색해 중복 회피
- 대학의 마이스터 과정 이수 등 공식 자격을 취득하는 것이 부가가치를 높이는 방법
- 제품 기획 및 디자인, 홍보 등에 대해 자신이 있다면 직접 농사를 짓지 말고 다른 사람의 농산물을 이용해서 6차산업에 도전하는 것도 방법
- 체험농장은 교육농장 지정 이후 시설 조성. 그래야 학습장, 전시장, 시설 시공 및 준공에 대해 보조를 받을 수 있음
- 농업자원을 활용해 부가가치 창출을 위한 지원조직을 각 지역 농업기술센터에서 소개받을 수 있음

저녁 식사 전 3시간, 저녁 식사 이후 2시간을 내리 강의실에 앉아 받아 적은 내용들만 해도 이 정도였다. 많은 농업 현장에서 다양한 취재를 경험했던 나 역시도 처음 알게 된 사실이나 정보들이 많았기에 상당히 흥미롭고 유익한 강의였다. 잠시 정신을 파는 사이 누락된 내용도 있을 테니 실제 전달된 정보들은 훨씬 많았을 것이 틀림없다. 그러니 전날 못지않게 피곤할 수밖에 없었다. 덕분에 숙소에서의 마지막 날은 깊이 잠들 수 있었다.

4일차 - 농촌을 콘텐츠화할 수 있을까?

마지막 날은 영암군 귀농귀촌협회장님이 교육 참가생들로부터 질문을 받고 답해주는 시간으로 시작됐다. 영암과 귀농귀촌에 관련된 다양한 이야기들이 오갔는데, 가장 핵심적인 내용은 '귀농귀촌 실행 이전에 반드시 해당 지역의 귀농귀촌협회를 찾아 상담을 받는 것이 가장 쉽게 정착할 수 있는 방법'이라는 것이었다.

점심 식사 이후 진행된 마지막 날의 마지막 강의는 농촌관광에 관련된 내용들이었다. 개인적으로 상당한 관심을 갖고 있지만, 제대로 운영되는 곳을 목격한 사례는 그리 많지 않았기에 기대감이 더 컸던 강의들이었다.

강의는 현재 상황에 대한 정확한 분석으로 시작됐다. 귀농귀촌인들은 후발주자일뿐더러 요즘 유행하는 치유농장 등은 대규모 부지와 시설을 요하기 때문에 쉽게 도전할 수 없는 영역이라는 내용이었다. 물론 농촌에서 관광 콘텐츠를 만들고 이를 통해 경제적 이득을 도모할 수 있는 방법이 있다는 소개도 이어졌다.

바로 마을 이장 혹은 발전위원장 등과 마을의 시설물에 대한 임대차 계약서를 작성해서 체험 및 관광 프로그램을 구성하는 것이다. 내가 취재 중 만났던 한 체험마을의 운영자 역시 교육청으로부터 마을 폐교에 대한 사용권을 취득한 뒤 마을의 농작물과 맑은 계곡물을 이용해 체험 프로그램을 기획해서 운영했다. 초등학생 단체가 시설을 찾아오면 마을 사람들과 함께 천연염색과 두부 만들기 등을 진행함으로써 쏠쏠한 부수입을 올릴 수 있는 기회를 제공하기도 했다.

문제는 인구 구성이 달라지며 이러한 프로그램의 지속가능성이 점점 낮아지고 있다는 사실이다. 이제는 더 이상 예전만큼 어린이 단체가 활발히 오가지 않을 것이라는 의미다. 그래서 관련 기관에서도 단체보다는 개인 혹은 소그룹 위주 체험 프로그램으로의 전환을 유도하고 있지만, 가뜩이나 사람이 부족한 농촌 현장에서는 마음대로 되지 않는 현실이다.

물론 성공 사례도 적지 않다. 특히 유휴 시설을 활용해 전혀 새로운 공간을 창출한 사례들은 굉장히 많다. 하지만 그 성공 확률이 그다지 높지 않다는 사실을 잘 인지해야 한다. 뿐만 아니라 기존 마을 사람들 입장에서는 어느 날 갑자기 나타난 마을 사람이 여기저기 들쑤시고 다닌다는 인상을 줄 수 있다는 점 역시 주의해야 한다.

강사는 성실하게 조사한 자료를 토대로 다양한 농촌 관광 사례와 기획 방법에 대해 설명을 이어갔다. 하지만 대부분의 교육 참가자들은 귀농 혹은 귀촌 후 현지에서 일자리를 구하는 데 더 큰 관심이 있는 듯 했다. 아예 농촌관광에 관심이 있는 이들만 따로 모아 특화된 교육 프로그램을 진행하면 어땠을까 하는 아쉬움이 들기도 했다. 그만큼 강의 내용이 목적에 충실했다는 의미다.

이렇게 3박 4일 동안의 농업일자리 탐색교육이 마무리됐다. 오랜만에 오랜 시간 강의를 듣는 날들이었다. 현장 견학과 강의가 적절히 분배됐으면 더 좋았겠다는 아쉬움이 없지는 않았지만, 아마 교육 프로그램을 관리하는 농림수산식품교육문화정보원에서 비슷한 강의들을 하루에 몰아넣음으로써 집중력을 높일 수 있도록 구성하는 것이 좋겠다는 가이드라인을 제시한 것이 아닌가 싶었다. 진행을 주관하는 담당자도 "저희도 그러고 싶었는데…"라며 안타까워했으니까.

강의 내용들도 좋았다. 6년 동안 매월 다른 모습의 농업 현장 혹은 농업과 관련된 산업 현장을 돌아다녔던 내게도 신선한 정보가 있었다. 직접 농사를 지으며 그곳에서 새로운 커뮤니티를 형성하는 한편, 원주민들과도 원만한 관계를 맺고 있는 이들의 이야기였기 때문이었을 것이다. 강사들 역시 도움이 될 만한 정보를 최대한 전해주기 위해 애썼다. 물론 내가 알고 있는 것과 다른 내용도 없지는 않았지만 업데이트 시점의 차이라고 생각한다.

시설 역시 훌륭했다. 경북 상주, 충남 부여, 충북 괴산, 경남 남해, 강원 영월 등에서도 운영하고 있는 서울농장에서 강의와 숙식이 모두 진행됐다. 애초에 신경 써서 지은 건물을 굉장히 정성스럽게 관리하고 있음을 금세 알아차릴 수 있었다.

부족했던 점을 굳이 꼽으라면, 바깥에서 식사를 할 수 있는 기회가 제한되어 있었다는 점 정도겠다. 외떨어진 곳에 위치하고 있다 보니 식당은 물론 가장 가까운 편의점도 2km를 이동해야 했다. 관리 측면에서는 상당히 유리한 점이었겠지만 말이다.

결론적으로 나는 참가하기를 잘했다고 생각한다. 실제 농업 이외에도 생활과 관련된 부분에 대한 다양한 이야기를 들을 수 있었다는 점이 좋았다. 지원 프로그램에 대해서 더 자세히 알게 된 점도 좋았고, 특히 귀농귀촌협회의 지원과 지역이나 작물에 따라서는 산림청이나 해양수산부의 지원도 기대할 수 있다는 사실 역시 영암에서 새롭게 얻게 된 정보였다.

그러니 만약 농업이나 농촌에 관심이 있다면 꼭 이런 교육에 참여하도록 하자. 막연했던 생각들을 정리할 수 있을 뿐 아니라 전에 없던 아이디어를 얻을 수도 있다. 우선 그린대로를 검색해서 가장 알맞은 교육을 찾아보는 것부터 시작하자. 어쩌면 농업과 농촌은 생각보다 가까운 곳에 있을지도 모른다.

반드시 확인해야 하는 정책 정보

1. 청년(만 18세 이상~만 40세 미만)**이라면, 탄탄대로**(youngfarmer.greendaero.go.kr)

최장 3년 동안 월 최대 110만 원(독립경영 1년차 110만 원, 2년차 100만 원, 3년차 90만 원)을 지원받을 수 있는 〈청년농업인 영농정착지원〉부터 스마트팜 전문교육을 마친 청년들이 임대료만으로 스마트팜 창업이 가능하도록 지원하는 〈지역특화 임대형 스마트팜 사업〉 등 다양한 지원사업에 대한 안내가 이루어지고 있다. 지원 정책이 워낙 많아 일일이 열거하기 힘들 정도니 반드시 확인해보자. 둘러보면 재미있는 콘텐츠도 상당히 많다.

2. 청년이 아니라면, 그린대로(www.greendaero.go.kr)

농림수산식품교육문화정보원에서 운영하는 귀농귀촌교육 관련 포털 사이트라고 생각하면 된다. 귀농과 귀촌에 대해 궁금한 대부분의 사항에 대해 답을 찾을 수 있을 정도로 방대한 자료가 수록되어 있다. 전문 강사들이 특히 많이 활용하기를 추천하는 항목은 상담·컨설팅 메뉴 중 '귀농닥터'였다. 귀농인 중 지자체의 추천을 받거나 농업마이스터, 신지식 농업인, WPL(Work Place Learning, 현장실습교육) 현장지도교수 등으로 구성된 귀농닥터들은 초보 농업인들의 눈높이에 맞는 다양한 정보를 제공함으로써 시행착오를 줄이는 데 상당한 역할을 하고 있다.

3. 꼭 한번 경험해야 할, 살아보기

그린대로를 통해서 신청할 수 있는 살아보기는 말 그대로 귀농귀촌을 희망하는 도시민에게 농촌에서 직접 살아볼 수 있는 기회를 제공하는 프로그램이다. 귀농형, 귀촌형, 프로젝트 참여형으로 나뉘는 프로그램들은 다양한 지역에서 다양한 형태로 진행 중이다. 프로그램에 따라서는 5개월까지 한 지역에서 여러 체험을 하며 생활할 수 있다. 특히 사전 지정된 횟수나 시간 이상 영농 등에 참여할 경우 소정의 연수비도 지급받을 수 있다.

청년의 경우 프로젝트 참여형을 눈여겨보는 것을 추천한다. 프로젝트 참여형 프로그램은 일반형, 창업연계형, 사회적 경제형 등으로 세분하는데 청년들로 하여금 더 적극적으로 지역과 조직 내에서 활동할 수 있는 기회를 제공하는 것이 특징이다. 충북 옥천의 경우 **① 청년농업인들과 함께 지구와 공존할 수 있는 농사짓기 ② 로컬미디어 기획 및 제작 ③ 농촌 공유 공간 활성화 모색 ④ 농촌 문화기획 등의 프로젝트** 중 한 가지를 정해서 참가 신청을 할 수 있다. 모두 청년들이 높은 관심을 갖고 있는 항목들이다. 전에 없던 경험을 통해 더 큰 가능성을 찾을 수 있는 일들이니 미리 귀농귀촌 교육을 받아두는 것이 좋겠다. 최소 10시간 이상의 교육 이수자에게 지원 자격이 부여된다.

체험이 아닌 '귀농인의 집'을 통해 귀농귀촌 목적지에 대한 더 많은 정보를 얻는 방법도 있다. 최장 1년이며, 뒤에 예약자가 없다면 추가 1년 연장이 가능한 귀농인의 집은 전국적으로 운영되고 있다. 이 역시 귀농교육을 이수한 자, 가족과 함께 입주를 희망하는 자, 해당 시군에서 진행되는 프로젝트 참여형 살아보기를 완수한 청년층 등에게 우선순위가 부여된다. 그린대로-체험정보-귀농인의 집을 통해 자세한 정보를 확인하자. 각 시도가 운영 주체이기에 이용 비용 및 공과금 납부 조건은 모두 다르다는 점도 기억해야 한다.

4. 귀산 정보도 소중하다

작목에 따라서는 귀농보다는 귀산이 더 적합한 경우가 있다. 버섯이나 두릅, 도라지, 고사리 같은 작물이 대표적이다. 만약 흥미를 갖고 있는 작물이 산림청에서 지정한 임산물 소득원에 포함되어 있다면, 귀농보다는 귀산이 더 유리할 수 있다. 지원을 위해 의무적으로 들어야 하는 강의의 회차나 경쟁률이 낮은 반면, 지원 받을 수 있는 규모는 귀농의 그것과 크게 다르지 않기 때문이다. 다만, 그만큼 정보 유통이 원활하지 않다는 의미라는 점도 잊지 말자. 산림청이나 지자체보다는 해당지역 산림조합에서 더 많은 정보를 얻을 수도 있다.

안타깝게도 이제 시골에 대한 그리움이나 추억을 갖고 있는 사람들의 숫자는 그리 많지 않다. 전체 인구 중 태어나서 죽을 때까지 아파트 생활을 하는 이들의 비중이 훨씬 더 클 것이 틀림없다. 그래서 농촌 그리고 농업은 도시와 점점 더 멀어지고 있다. 이렇게 시야에서 벗어나게 된 대상에 대해서는 들리는 대로 믿는 경향이 강해진다. 그래서 시골과 농촌, 농업과 관련된 이야기들, 특히 그리 유쾌하지 않은 사례들은 누구도 목격하지 못했지만 모두가 경험한 것처럼 공유되곤 한다. 그곳이 정말 궁금하다면, 실제 거기에서 생활하는 이들의 이야기를 듣는 것이 가장 좋은 방법이다. 거기에 사람들이 잘 살고 있으니까.

7장 | 시골에서 살 수 있을까?

모두가 아는 난관, 텃세

요즘 농촌이나 시골이라는 단어와 함께 연상되는 단어들 대부분이 부정적인 경우가 많다. 방송이나 신문 등 기존 미디어는 물론이고, SNS나 유튜브 채널 등을 통해 '달라진 시골 인심'에 대해 빈번하고 자세하게 알리고 있으니까. 실제 시골에 살고 있는 내 입장에서는 그런 소식들 중 1/3 정도는 공감이 간다. 어떤 사례는 실제로 이유 없는 괴롭힘이지만 또 어떤 사례들은 행동 패턴의 차이에서 오는 오해에서 비롯되기 때문이다.

사실 시골에서 살고 있는 사람들, 정확히 말하자면 서울과 수도권 및 광역시에 살고 있는 사람들과 그 외의 지역에 살고 있는 사람들은 삶의 속도와 방식이 상당히 다르다. 사람 사이의 간격이 상대적으로 여유로운 곳에서는 내가 누군가의 영역을 침범하고 있다는 의식이 희미해진다. 경계가 모호해지는 경우가 많기 때문이다. 침범당한 쪽에서도 처음 한두 번은 그러려니 넘어가는 편이다. 그 사람이 일부러 그랬다고 하더라도 그 정도 편의는 눈감아줄 수 있다는 식이다. 따져 보면 나 역시 그런 경우가 없지 않았고 앞으로 그럴 일이 생길 테니 미리 상호 양해를 해주는 셈이다.

하지만 이런 시스템이 낯선 이에게는 적용되지 않는다. 시골에 살고 있다고 해서 자신의 이익을 계산하는 데 둔감한 것은 절대 아니다. 내가 돌려받지 못할 호의를 베풀 이유가 없다는 것은 시골 사람들도 잘 알고 있다. 게다가 관광객이 많이 찾는 지역에서 농사를 짓는 이들은 외부인에 대해 상당한 경계심을 갖고 있다. 도시 사람들 마음대로 만든 '시골 인심'이라는 환상에 휩싸여 서리라는 이름의 도둑질을 빈번하게 자행하곤 하니까. 그래서 시골로 이사 온 사람에 대해 어딘지 미심쩍은 시선을 보내는 것도 그들 입장에서는 당연한 일이다.

그렇다고 해서 시골 사람들의 텃세에 대해 변명하려는 것은 결코 아니다. 어떻게 생각해도 합리적이지 못한 일들이 빈번하게 일어나는 곳 역시 시골이다. '미개하다'거나 '야만적이다' 같은 난폭한 단어까지 동원할 정도는 아니지만 그대로 참고 넘어가기 힘든 부분들도 적지 않을뿐더러 소소하게 신경 쓰이는 일들도 상당하다. 특히 직접 농사를 지을 때는 더더욱 그러하다.

서울에서 직장 생활을 하던 중 부모님이 계신 고향으로 돌아와 농사를 물려받은 한 귀농인은 "새로운 재배법을 도입할 때마다 옆에서 참견하는 것을 견디는 것이 제일 힘들었다"라며 고개를 내저었다. 오랫동안 농사를 지어온 농민들은 '내가 알지 못하는 재배법'은 잘못된 것이라고 믿기 때문이다. 그렇다고 해서 자신의 농사 노하우를 알려주는 것도 아니다. 농업인에게 농법은 영업 비밀이기에 결코 공개할 수 없다는 것이 일반적인 인식이다.

노지에서 무농약이나 유기농으로 농사를 짓겠다고 하면 주위의 간섭과 핀잔은 배가 된다. "영 엉뚱한 짓만 한다"라며 비웃는 경우도 많다. 못생긴 작물을 수확도 얼마 못하는 농법이 무농약, 유기농이기 때문이다. 게다가 인근 논밭에서 살포한 농약이 내 논밭에 날아오면 인증을 위한 토양 내 농약 잔류 검사를 통과할 수도 없다. 이웃을 잘 만나야 한다는 격언은 농업에도 그대로 적용된다. 물론 그 정도 규모의 농사를 지을 땅을 구하는 것부터가 쉽지 않은 일임을 명심해야 한다. 많은 귀농인들이 노지보다는 시설재배를 선택하는 이유 중 하나이기도 하다.

그렇다면 시골의 텃세에 어떻게 대처해야 할까? 가장 좋은 방법은 귀농 혹은 귀촌인들로 구성된 마을에 정착하는 것이다. 지자체에 따라서는 이러한 귀농귀촌 타운을 조성해서 운영하고 있으니 미리 확인해보는 것이 좋겠다. 다만 그런 곳이 많지는 않다. 그래서 일반적으로는 작목반에 들어가서 농사를 배우는 경우가 많다.

같은 작물을 키워 공동 출하하는 형태로 운영되고 있는 작목반은 이제 막 귀농한 이들이 재배 기술과 시골에서의 생활에 대해 배울 수 있는 중요한 공동체가 된다. 다만 그곳의 모든 이들이 호의적일 것이라는 기대는 하지 않는 것이 좋다. 동서고금을 막론하고, 잠깐 다니러 온 손님이 아닌 외부인에게 순순히 자리를 터주는 곳은 찾아보기 힘들다.

작목반에 들어갔다고 해서 재배한 작물을 모두 판매할 수 있는 것도 아니다. 작목반에서 설정한 기준에 미달하는 것들은 포장에서 제외된다. 다른 사람들과 비슷하게 일하는 것 같은데 더 적은 수익을 올리게 될 때의 스트레스는 상상하는 것 이상이라는 것이 귀농인들의 공통된 이야기다.

작목반에 들어가지 않을 계획이라면 스스로 재배기술을 확립하고 판로를 개척해야 한다. 공판장은 자신의 작물을 가장 빠르게, 하지만 가장 저렴하게 판매하는 방법이다. 그럼에도 공판장을 통해 출하되는 물량이 많은 것은 수확 적기 이후에는 시간이 지날수록 그 가치가 급격하게 떨어지기 때문이다. 많은 귀농인들이 “농사를 지어보니 왜 직거래를 해도 가격이 낮아지지 않는지 알게 됐다”라고 입을 모으는 이유도 여기에 있다. 자신의 역량과 환경에 따라, 그리고 무엇보다 전문가의 조언을 충분히 듣고 농사 및 출하 방법을 선택하는 것이 좋겠다.

마을 생활에 있어서는 우선적으로 이웃, 조금 더 나아가서는 이장님과 친해지는 것이 중요하다. 이웃은 일상적인 생활에 있어서 크고 작은 문제가 생길 때마다 얼굴을 마주해야 하고, 이장님은 행정적인 이슈뿐 아니라 주민 간 분쟁에서도 중재자 역할을 하는 경우가 적지 않기 때문이다. 그렇다고 해서 굽신거리라는 뜻은 아니다. 그저 인사만 잘하고 다녀도 된다. 처음부터 저자세를 취하는 것은 좋지 않다. 차라리 "그렇게 말씀하셔도 저는 아무 것도 몰라서요"라는 식으로 해맑게 다니는 것도 상대로 하여금 지레 포기하게 만들기 좋은 전략이다.

하지만 귀촌을 통해 시골의 자원을 활용한 가공, 마케팅, 관광업 등을 시작할 계획이라면 원주민과 최대한 원만한 관계를 구축해야 한다. 그럴 때는 항상 "아무 것도 모르니 가르쳐 주시기 바랍니다"라는 마음을 역력히 드러내야 한다. 내가 가진 세련된 감각과 앞선 기술을 통해 지역에 빛을 비추겠다는 자세로는 무엇도 할 수 없다. 자원은 분명히 원주민들이 갖고 있음을 명심하자.

사람의 마음을 여는 데에는 짧지 않은 시간이 필요하다는 점도 잊지 말아야 한다. 귀농귀촌과 관련된 전문가, 경험자들은 "보통 3년이 지나면 마을사람으로 생각한다"라고 하지만, 마을 일에 열심히 참여했을 때나 그러하다. 다만, 그 시간을 조금이라도 단축해보겠다는 마음으로 지나치게 의욕적으로 나서면 오히려 이상한 눈길을 받을 수밖에 없다. 지금 당장 내 주위에 그렇게 '설치는' 사람이 있다고 생각하면 어떤 심정일지 상상하면 이해가 쉬울 것이다.

마을 일이라는 것은 보통 1년에 두세 번 치르게 되는 마을 회식과 마을에 따라 봄 혹은 가을에 치르는 잔치 등이다. 마을에 따라서는 한 달에 한 번씩 모두 모여 청소를 하는 날을 정해놓기도 한다. 가장 좋은 것은 그럴 때마다 참석해서 열심히 일하는 것이지만, 여의치 않을 경우 미리 이장님에게 사정을 설명하고 찬조금이나 막걸리 등으로 성의를 표하는 것도 방법이 된다. 이런 부분이 비합리적이라고 생각한다면, 시골을 자원으로 삼은 사업을 진행하는 것은 불가능에 가깝다. 앞서 설명했던 것처럼 시골을 콘텐츠로 하는 모든 사업은 그곳에서 살아가고 있는 사람들을 배재하고는 성립할 수 없다.

자녀 유무에 따라 달라지는 기준들

초등학생 정도의 아이들과 함께 귀농하게 되면 주위의 시선은 훨씬 너그러워진다. 아이가 귀한 곳이다 보니 알게 모르게 배려해주는 부분들이 생긴다. 나 역시 통영의 작은 마을에서 아이를 낳고 키우다 보니 "애들이 있어서 동네에 활기가 돈다"라며 좋아하는 어른들이 많았다. 다만 학교에 관한 부분에 대해서는 고민이 될 것이다.

초등학교에 국한하자면, 시골학교가 주는 장점은 상당하다. 물론 그 장점은 도시의 많은 부모들이 기대하는 학력과는 거리가 먼 것들이다. 지역에 따라서 차이가 있지만, 주위 환경을 활용하는 각종 체험 프로그램이 풍부하다. 우리 집 아이들이 다니는 초등학교의 경우, 학기별로 요트나 수상택시를 타고 인근 섬을 둘러보는 프로그램이 있어 만족도가 상당히 높다. 지역 특산물을 활용해서 조리하는 덕분에 장어구이와 굴전 등이 나오는 급식도 굉장히 좋아한다.

각종 교내외 활동에 있어서 지원되는 부분도 많다. 정책적으로 읍면 소재 학교에 대해서는 재정적 지원이 뒤따르기 때문인데, 덕분에 방과 후 교실이나 돌봄 교실도 모두 무료다. 5, 6학년들이 참가하는 각 2박 3일 일정의 수련회와 수학여행도 학부모가 부담하는 비용이 없다. 통학에 있어서도 스쿨버스나 지역에 따라서는 택시가 지원되는 경우가 있으니 큰 부담을 갖지 않아도 좋다.

물론 장점만 있는 것은 결코 아니다. 전교생 100명 이하의 작은 시골 학교는 한 학년이 한 학급으로 운영되는 경우가 많은데, 다시 말해 1학년 때부터 졸업 때까지 학급 구성원이 크게 달라지지 않는다는 의미다. 이런 환경에서 아이들끼리 자칫 좋지 못한 관계를 형성하게 되면 일반적인 초등학교에서보다 더 큰 악영향을 받을 수밖에 없다.

부모가 바쁠 때 늦은 시간까지 아이들을 '뺑뺑이' 돌리기 힘든 것도 애로사항 중 하나다. 도시에서라면 학교에서 바로 학원차를 타고 이곳저곳을 돌다가 저녁 늦게 귀가할 수 있겠지만, 오후 4시 30분에 돌봄 교실이 끝나는 시골학교에서는 이후 활동에 대한 제한이 크다. 학원차가 그곳까지 가지 않을 가능성이 높으니까.

사실 교육에 있어 진짜 문제가 되는 시기는 중학생 때부터다. 학업이 입시와 직결되기 시작하는 시기인데, 이 부분에 있어서는 사교육 선택의 폭이 넓은 도시에 비해 불리할 수밖에 없다. 보통 중고등학교 과정 6년을 읍면 지역에서 마치면 지역균등전형에 지원할 수 있는 조건을 충족하기는 하지만 이 역시 경쟁률이 만만찮다. 다만 예체능, 특히 전통 예술과 관련된 부분으로 입시를 준비한다면 이야기가 달라진다.

내가 살고 있는 통영은 한국예술종합학교에서 운영하는 한국예술영재교육원이 설치되어 있는데, 통영 출신 음악가인 윤이상을 기리기 위한 통영국제음악제가 오랫동안 이어져 오는 등 다양한 음악 관련 행사가 교육원 유치에 도움이 된 것으로 알고 있다. 통영뿐 아니라 각 지자체들은 유명 예술가들의 고향임을 내세워 많은 이벤트와 교육을 진행하고 있는데, 이때 공연자나 강사로 나서는 이들 중 많은 수는 국가무형문화재거나 그의 전수자들인 경우가 많다. 그리고 그들은 지역 내에서 크고 작은 전수소나 교습소를 운영하고 있다는 점을 기억해두자.

포기해야 할 것들, 각오해야 할 것들

한때 제주살이를 목표로 하는 이들이 많았다. 낭만적인 바다와 신비로운 한라산이 어우러진 제주도는 한반도 내에서 독보적인 존재감을 자랑하는 곳이라 그곳에서 생활하는 것만으로도 일상은 아름다움으로 가득 찰 것처럼 생각하는 이들이 적지 않았다. 하지만 제주 열풍이 잠잠해지자 무사히 적응한 소수를 제외한 많은 이들이 다시 육지로 돌아가기 위해 짐을 꾸렸다. 어디에서든 현실은 현실이라는 사실을 깨닫게 되자 그나마 익숙했던 현실로 돌아가기로 결정한 것이다. 낯선 곳에서 낯선 일과 함께 새롭게 시작하는 삶은 어디에서든 고단할 수밖에 없다.

나와 아내 역시 통영에서 똑같은 경험을 했다. 특히 병원이 그러했는데, 서너 살짜리 아이를 받아줄 응급실을 찾아 한밤중에 고속도로를 타고 진주까지 달려야 했던 경험이 몇 번 있다. 매주 토요일이면 치료 효과가 좋은 피부과를 찾아 큰 녀석을 뒷자리에 앉히고 1시간 30분 거리의 마산까지 오가기도 했다. 세 달에 한 번, 작은 녀석이 대구의 대학병원에 가는 날이면 전날부터 준비에 분주해진다. 당일치기를 하려면 새벽 6시에 집을 나서야 하기 때문이다.

요즘 유행하는 당일 배송에서도 당연히 제외된다. 그나마 통영은 현재 거주 중인 곳을 기준으로 15분과 20분 거리에 대형마트가 두 개나 들어선 곳이지만 대부분의 시골에서는 하나로마트가 쇼핑의 중심지가 된다. 유행하는 프랜차이즈의 입점을 기대하기 힘든 곳들도 많다. 당연히 선택의 폭이 좁아질 수밖에 없다. 그래서 시골에서의 생활은 반복되는 지루함을 견디는 일이기도 하다.

만약 자금 사정이 여유로워서 광역시나 진주, 순천처럼 인구 30만 명 이상의 도시 인근의 땅에서 농사 혹은 농업과 관련된 일을 시작할 수 있다면, 교육과 생활편의에 있어서 좀 더 다양한 선택이 가능해진다. 다만, 앞서 말했듯이 재정적인 상황이 허락해야 가능한 선택이다.

그렇다면 귀농귀촌에는 얼마만큼의 돈이 필요할까. 이것은 너무나 막연한 질문이라서 쉽게 답을 하기 어렵다. 무엇보다 목적지로 삼고 있는 곳의 땅값과 집값에 따라 그 범위가 너무 넓다. 다만 어느 곳에든 공통적으로 적용할 수 있는 조언은 있다. 우선 한번 살아보라는 것이다. 꼭 농사를 짓지 않아도 짧게는 일주일, 길게는 1년 살아보기에 대한 지원 프로그램들을 운영하는 곳들이 있다. 내가 살고 있는 통영이 속해 있는 경남과 전남 모두 마찬가지다.

이와 같은 기회를 통해 우선은 도시를 떠나 살아갈 수 있는지 확인해보는 작업이 필요하다. 여행을 온 것처럼 이곳저곳 구경을 다니는 것도 괜찮지만 일상생활을 하듯 마트나 시장에 가거나 마을 주민들과 적극적으로 소통을 하는 연습을 하는 것도 좋은 방법이다. 특히 먼저 귀농귀촌한 경험자가 인근에서 생활하고 있다면 궁금했던 것들을 물어보는 것을 추천한다. 아무리 좋은 풍경도 일상 속에서는 그저 생활의 일부가 될 뿐이니까.

귀농귀촌 사업에 가장 적극적인 지자체인 전남에서는 농사와 더불어 체험마을에서 직접 일을 할 수 있는 프로그램도 운영하고 있다. 매년 1~3월 사이 구체적인 내용이 발표되니 '전라남도 귀농산어촌종합지원센터' 홈페이지를 참고하도록 하자. 서울 양재동에는 전라남도 귀농산어촌종합지원센터 서울센터도 운영 중이다.

귀농과 귀촌에 대해서는 굉장히 다양한 정보가 셀 수 없이 많은 채널을 통해 생산·유통되고 있다. 어쩌면 한정된 지면인 이 책에 몇 가지 사례를 적는 것이 의미 없을 만큼 말이다. 다만 언론이나 SNS, 유튜브 등에 소개되는 사례를 전적으로 믿는 것은 금물이다. 똑같은 사례라고 해도 관심을 끌기 위해 더 자극적으로 가공하기 마련이니까.

왜 시골인가?

그래서 귀농귀촌을 앞두고 가장 중요한 것은 왜 도시가 아닌 지역에서 살기로 결심했는지 스스로에게 진지하게 묻는 과정이다. 굳이 지금의 생활을 포기하고 낯선 곳으로 떠날 계획을 세우고 있는지 명확한 결심이 서야 한다. 서울을 떠난 지 15년째에 접어들고 있는 나 역시 아직도 괜히 내려왔나 하는 생각이 들 때가 있다. 서울은 한번 떠나면 다시 돌아가기 쉽지 않은 곳임을 잊지 말자. 앞서 언급했던 것처럼 도시와 시골은 시간이 흐르는 속도가 다르다. 그리고 그중에서도 서울은 전 세계적으로도 빠르게 변화하는 공간이다.

그럼에도 서울과 멀리 떨어진 곳에서 살아가는 것, 농사 혹은 농업과 관련된 일을 하는 것은 분명 의미 있는 일이다. 단순히 입에 발린 말이라고 생각하지는 않는다. 무엇인가를 먹어야 살아갈 수 있는 인간에게 일상을 영위할 수 있는 가장 중요한 일에 종사한다는 자부심을 갖는 것도 사실이지만, 인류가 생존해 있는 한 결코 사라지지 않을 산업이 바로 농업이기 때문이기도 하다.

아울러 점점 사람이 줄어들고 있는 농업 지역에서는 상대적으로 젊은 나이라는 사실 그 자체만으로도 희소성을 띠기에 더 많은 기회를 얻을 수 있다. 나 역시 일찌감치 서울에서 멀어진 사람 중 한 명으로서 서울에서라면 생각하지 못한 생활과 일을 영위하고 있으니까.

경제적인 측면에서도 서울에 있을 때보다 더 나아졌다고 자부하는 사람들이 분명 존재한다. 내가 만나서 이야기를 듣고 소개한 이들 대부분이 그런 경우들이다. 물론 실패한 이들은 비교도 할 수 없을 정도로 많다. 그리고 이 책 역시 100% 성공적인 귀농귀촌을 보장하지는 않는다. 하지만 실패확률을 낮추는 데에는 나름의 기여를 하리라고 생각한다. 내가 만난 사람들 역시 적지 않은 시행착오를 겪은 후에야 정착했으니까.

귀농귀촌에 대해 진지하게 생각하기 시작했다면, 그 이유에 대해 스스로 납득할 수 있어야 한다. 그래야 적응 과정에서의 어려움을 이겨낼 수 있다. 남들이 알려주거나 시중에서 유통되는 지식이나 정보는 많지만, 그것을 자신의 것으로 만드는 과정은 부단한 노력을 수반한다. 그래서 성공 사례라고 손꼽는 귀농귀촌인들 대부분은 무엇을 해도 성공했을 사람들인 경우가 많다.

그렇다고 해서 너무 큰 걱정은 같은 크기의 기대만큼이나 쓸 데가 없다. 아직 일어나지 않은 일의 결과는 노력 여하에 따라 달라지기 마련이니까. 그리고 농업 및 농업 연관 산업의 가장 큰 특징은 노력에 대한 대가가 가장 정직한 대가가 돌아온다는 사실이다. 실제 농촌과 직간접적으로 관계를 맺고 있는 사람들의 공통적인 이야기이기도 하다. 그러니 우선 시골을 찾아가보자. 그곳에서 사람들은 어떤 일로 어떻게 생활하고 있는지 직접 확인한다면 막연했던 계획이 구체적으로 변화할 것이다.

시골에도 내일은 오더라

2000년대 초반만 해도 가뭄, 홍수, 태풍 같은 자연재해가 발생하면 TV 뉴스에서 가장 먼저 그리고 많이 보이던 광경은 어떻게든 피해를 최소화하기 위해 안간힘을 쓰는 농업 현장이었다. 인간의 힘으로 어떻게 해볼 도리가 없는 상황임을 가장 극적으로 알려주는 현장이기도 했거니와, 아직 많은 사람들이 농촌 혹은 농사를 짓는 누군가와 관계를 맺고 있는 경우가 많았기에 그만큼 감정이입도 잘 됐기 때문이다. 하지만 이제 재해 현장을 상징하는 영상과 이미지는 처참해진 도시의 풍경들이 대부분이다.

만약 내가 농업과 관련된 취재를 경험하지 못했다면, 나 역시 이러한 시대의 변화에 대해 둔감했을 것이다. 누군가가 벼를 재배하고, 누군가가 돼지를 키우고, 누군가가 과일을 딸 테고, 그 일은 항상 그랬던 것처럼 앞으로도 큰 변화 없이 진행될 것이라고 생각하며 살았을 것이다. 출장길에 콤바인이나 트랙터가 오가는 모습을 보면 '요즘 농사 편해졌네'라는 '돼먹지 못한' 생각을 했을 것이 틀림없다.

하지만 5년 이상 좁은 농로를 따라 이리저리 돌아다니다 보니 시시각각 변화하고 있는 날씨와 예전과 다른 기후를 경험할 때마다 내가 방문했던 무화과, 토마토, 딸기, 대파, 오이부터 돼지와 한우 및 젖소까지 다양한 농장의 안부가 궁금해진다. 더 많은 사람들에게 농업과 농촌의 즐거움을 알리기 위해 애쓰고 있는 사람들이 걱정되기도 한다. 농업과 관련된 정책 등이 새로 발표될 때면 연구자들이나 스타트업 대표들의 얼굴이 떠오르기도 한다. 다른 분야의 인터뷰 대상자들보다는 개인적인 호감이 더해지기 때문이다.

물론 농업 현장에서 만난 모든 이들과 개인적인 친분 관계를 맺는 것은 아니다. 성향이나 가치관이 다른 종사자들 역시 분명히 존재한다. '이건 좀…' 하는 사례도 없지는 않다. 하지만 흙을 기반으로 하는 일에 직접 종사하거나 연관을 맺고 있는 사람들 대부분은 인간적이라고 기억된다. 이런저런 취재를 다니며 갖게 된 '사람은 그가 주로 만지는 무언가와 닮는다'라는 선입관 때문이기도 하다[5)]

그래서 내가 책을 쓰기로 결심하고 다시 인터뷰 대상자들에게 연락했을 때 내 문자나 카카오톡 메시지를 무시했던 이들은 거의 없었다. 덕분에 공식적인 취재 과정에서는 묻지 못했던 질문이나 듣지 못했던 답변을 듣기 위해 한 번 갔던 길을 다시 달리는 기분이 좋았다.

복잡한 마음도 없지는 않았다. 농업이라는 산업이 사람들에게 과연 어필할 구석이 있는가에 대한 의문을 스스로도 말끔히 떨치지 못했기 때문이다. 모든 것이 빠르게 변화하고 있는 사회에 익숙한 이들에게 1년의 적응기간과 1년의 시행착오와 1년의 기다림이 필요한 농업이라는 소재가 과연 매력적일지 확신하지 못한 탓이었다.

하지만 그런 불안감은 오랜만에 다시 마주 앉은 인터뷰 대상자들을 만날 때마다 조금씩 사라졌다. 특히, 처음 만났을 때보다 안정된 모습을 확인함으로써 내가 전하려는 이야기들이 가치 있음을 확신할 수 있었다. 인간이 무엇인가를 먹음으로써 생명을 유지하는 한, 무엇이든 좀 더 나은 것을 찾는 본능이 사라지지 않는 한 농업은 지금보다 더 발전된 산업으로 성장할 것이 분명하기 때문이었다.

그렇다고 해서 그들에게 고민이 없는 것은 아니었다. 무엇보다 기후환

---

5) 언젠가 인터뷰 때문에 만난 금속공예가에게 이런 사실에 대해 고백했더니 "맞다. 금속공예하는 사람들 성격이 나무나 돌 만지는 사람들보다 날카롭고 차가운 데가 있다"라며 굉장히 즐거워했던 기억이 있다.

경의 변화가 가장 큰 문제였다. "우리는 매년 생애 가장 시원한 여름을 맞이하게 될 것"이라는 전문가들의 지적이 농업 현장에서는 삶과 직결되는 문제와 다름없었다. 거기에 돌발적인 기상 변화까지 빈번하게 일어나고 있으니, 시설이 아닌 노지에서의 재배 및 수확은 도박에 가까운 일이 되어가고 있다.

역설적으로, 그렇기에 산업으로서의 농업은 더욱 빠르게 진화할 수밖에 없었다. 변수에 대응하기 위해서는 무엇보다 자신이 갖고 있는 자산을 정확히 파악해야 하고, 이는 곧 데이터화로 직결된다는 것이 농업 현장의 공통적인 예측이었다. 데이터는 곧 경영의 가장 큰 자산이 된다. "뼈빠지게 일해도 남는 것 하나 없다"라는 식으로 농사를 짓다 보면 정말 뼈만 빠지는 시대에 살고 있는 셈이다.

이러한 농업 현장과 달리, 농촌을 콘텐츠화하는 데는 아직 큰 전환점이 만들어지지 않고 있는 상황이라는 점이 안타깝다. 예상보다 많은 청년들이 도시가 아닌 곳에서 생활하기 위해 많은 고민을 하고 있는 것은 사실이다. 지역에서 희망을 찾으려는 청년들과 그런 청년들을 품어주는 지역 주민들을 만나게 되면, 한 사람의 여행자 입장에서 무한히 응원하게 된다. 하지만 아직 성과라고 할 수 있는 무언가를 만든 단체를 찾는 것은 쉽지 않은 일이다.

비관적이라는 의미는 아니다. 작지만 의미 있는 변화들은 여러 차례 목격했다. 비단 청년들뿐 아니라 도시에서 다양한 경력을 쌓은 중장년층들도 지역을 더 좋은 곳으로 변화시키는 데 힘을 보태기 위해 노력하는 모습을 카메라에 담았다. 그렇기에 현재 시점에서는 아쉬움이 크다. 무엇보다 조금씩 자라나기 시작했던 시골과 농촌으로 향하던 관심이 코로나19 사태로 인해 맥이 끊겼다는 사실이 가장 안타깝다. 실제 팜파티 프로모션에 참석해본 경험이 있기에 더욱 그러하다.

언젠가는 나도 농사를 짓게 될까? 농업 현장을 오가며 가장 많이 한 생각이다. 이미 시골에 살고 있기에 도시 바깥에서의 생활이 어떠한지는 잘 알고 있다. 하지만 농사를 짓는 것은 다른 일일 수밖에 없다. 사실 이런 고민은 서울에 살 때부터 시작됐다. 꽤 오래된 고민이기에 이미 실행을 통해 결과물을 만들고 있는 이들이 부러울 수밖에 없었다. 어쩌면 내가 농업인과 관계자들에게 호감을 갖고 있는 이유이기도 할 것이다. 그래서 이 책을 쓰는 내내, 밀식(密植) 공간인 서울에서 스스로를 솎아내던 15년 전의 내 모습을 떠올리며 지금 제대로 살고 있는 것이 맞는지 몇 번이나 자문하곤 했다.

그래서 이 책은 목차와 프롤로그 등 몇 곳의 이야기만 작성한 미완성 원고로 그칠 뻔했다. 스스로의 삶에 대한 확신도 서지 않았으면서 불특정 다수에게 농업에 대한 확신을 갖게 만들 수는 없다는 생각 때문이었다.

그렇게 다 던져버리고 하던 일이나 하려던 나를 격려하며 등을 두드려주던 아내 덕분에 이런저런 파편들을 다시 모을 수 있었다.

그런 원고들에 관심을 갖고 세 번째 책을 펴낼 수 있도록 기회를 준 두드림미디어에도 깊은 감사를 드린다. 세상에 대한 시각과 나아가고자 하는 삶의 방향이 잘못되지 않았음을 인정해주었기에 몇 년 동안 떠날 줄을 몰랐던 갈등과 미련으로부터 한발 더 나아갈 수 있었다.

전라남도농업기술원과 농기평, 한국농어촌공사 등 농업관련 기관들에게도 감사할 따름이다. 전라남도농업기술원은 더 새로운 농업 현장을, 농기평은 농업과 관계된 더 깊은 연구 현장을, 한국농어촌공사는 더 다채로운 농촌을 내게 알려줬다. 덕분에 나와 아이들이 살아가는 곳의 가능성이 내가 생각하던 것보다 훨씬 더 크다는 사실을 깨닫게 됐다. 내게는 그게 상당히 큰 즐거움이었다.

누구보다 고마운 이들은 지금 이 시간에도 무엇인가를 키우고 관리하는 농업인들, 농업과 관련된 연구자들, 오랫동안 혹은 새롭게 지역에서 삶을 이어가고 있는 주민들이다. 그들은 생명을 살리는 일을 하고 있다. 작물과 가축뿐 아니라 그것으로 말미암아 생활을 이어가는 모든 이들을 살리는 일을 하고 있다. 변화에 가장 취약한 산업에 종사하고 있지만, 누구보다 큰 자부심과 사명감을 갖고 있는 이들이다. 노력한 만큼의 대가가 돌아온다는 믿음 안에서 정직하게 일하는 사람들. 그런 이들만큼 지금 우리에게 필요한 사람들은 또 없을 것이다.

이 책이 그런 사람들의 진심과 희망을 더 많은 이들에게 전하는 데에 쌀 한 톨만큼이라도 기여한다면 더할 나위 없이 기쁠 것이다.

시골에서 월급 받고 살고 있습니다

제1판 1쇄 2024년 11월 5일

지은이 정환정
펴낸이 한성주
펴낸곳 ㈜두드림미디어
책임편집 신슬기
디자인 얼앤똘비악(earl_tolbiac@naver.com)

㈜두드림미디어
등록 2015년 3월 25일(제2022-000009호)
주소 서울시 강서구 공항대로 219, 620호, 621호
전화 02)333-3577
팩스 02)6455-3477
이메일 dodreamedia@naver.com(원고 투고 및 출판 관련 문의)
카페 https://cafe.naver.com/dodreamedia

ISBN 979-11-94223-15-3 (13520)

책 내용에 관한 궁금증은 표지 앞날개에 있는 저자의 이메일이나
저자의 각종 SNS 연락처로 문의해주시길 바랍니다.